臺灣視障按摩史
——從日治時期談起

History of Massage Industry for the Blind in Taiwan:
Since the Japanese Rule

周美田、周立偉、李德茂 合著

天空數位圖書出版

陳序

　　周美田，一個很美的名字，五年前他選修了我的課，見到他時才知道他是一位視障博士班學生，與他交談除了他是視障之外，其他方面的知識都與常人無異，甚至上課的專業知識也不亞於一般生。他上課時都從不遲到，除了仔細聆聽還有錄音以備回家溫習，並且記錄（點字）。報告時以手觸摸點字，逐字唸出與電腦銀幕字字無異，其努力精神令人敬佩，其求學過程令人感動。他的研究方向以本身是視障人士來完成這本《臺灣視障按摩史》尤其令人敬佩，更使其能表現學術的重要性。

　　世界各國都以能照顧弱勢族群為施政一大重點，除了展現出民主國家重視基本人權外，更有文明的意義。世界各國都有照顧弱勢族群的口號，但有實際的實行程度卻各國不一。在他的心中為照顧同是視障的責任便油然而生，所以才促成他研究台灣的視障按摩者從過去到現在所經歷的歷史過程。

　　周美田博士從初中生病之後，視力受損漸漸而成視障，但接受完整的視障教育並就業，一路辛苦但也一路成長，他的博士論文回顧並比較了兩代（日治時期與國民政府）對視障者的教育與就業制度的不同，尤其按摩業的種種規範和制度。除了台灣的按摩史之外，他也比較了世界各國對視障者的職業教育與就業規範之不同，讓我們了解到不同國家對弱勢視障族群的保護政策，他的論文裡也收集了視障者參加技術士檢定等資料及學習的課程與教材，讓我們了解了台灣視障按摩是有訓練、有技術的，使民眾能安心接受視障按摩。論文裡有提到日治時期視障者是可以從事針灸並有執照的，這些資料其實是鮮為人知的。

　　中國醫藥大學中醫研究所能接受視障博士生，並予以授課指導通過

考試獲得博士學位，除了恭賀美田博士之外，更特別為學校能有教無類，給學生最好的資源及照顧，使學生成長開花結果，如此宏大深遠的教育志業實為人敬佩。中醫學院院長孫茂峰博士、指導教授周立偉博士指導視障生獲得博士學位，其勞苦功高實不可沒，更值得一提的是美田博士的夫人闕麗敏醫師也是中醫博士，除了看病之外，更能包容、帶領、相互成長，才能有今天的成果。能為美田博士出書之際，記錄其求學點滴及完成學業過程，實感榮幸，謹此恭賀並祝福

陳之偉 博士

李序

　　用按摩做為療治的一種手段，自古有之。《黃帝內經・陰陽大論》：
「慓悍者，按而收之。」《素問・玉機真臟論》：「脾風發癉，腹中熱煩心
出黃曰可按，疝瘕少腹冤熱而痛出白，又曰可按。」《血氣形志論》：「形
數驚恐，經絡不通，病生於不仁，治之以按摩醪藥。」《史記・扁鵲倉公
列傳》：「上古之時，醫有俞跗，治病不以湯藥醴灑；鑱石撟引，按扤毒
熨，一撥而見病之應；因五臟之輸，乃割皮解肌，訣脈結筋，搦髓腦，
揲荒爪幕……。」其中撟引按扤、揲荒爪幕等句，都有按摩推拿之義。
且在唐朝按摩為正式之醫療項目，《唐書・百官志》：「太醫令掌醫療之法，
一曰醫師，二曰針師，三曰按摩師，四曰咒禁師。」《唐六典》亦載有：
「按摩博士，掌教按摩生，以導引之法，除人八疾，曰風寒暑濕飢飽勞
逸。」惜自宋朝以後，按摩推拿被視為賤技，時至今日，不論明眼人或
視障者，操此業者，亦多有為人污名或醜化者，實屬不當。

　　蓋按摩之法，是循經按穴，將不平之氣，化為和平之氣，兼佐以氣
血導引之功，即為治病之法。故施之以治氣血之病，及一切慢性痺厥之
症，是其專長。而此術如以視障同胞為之，以其觸覺之敏銳，是非常適
合加以訓練而成為優秀的按摩師。

　　周君美田所撰之論文，上溯日治明治年代（1895AD），下至民國九
十七年（2008AD），蒐羅資料既富，論述亦環環相扣，極具條理。其中
對於歷史沿革，前後有序。利弊得失，借古鑒今，條分縷析。是可借鏡
於往昔，取用於未來。不僅只是一篇優秀的博士論文，更可做為當今施
政者之參考。

值此論文出版之際，余既佩服周君用心之苦，用力之勤。更佩服周君念茲在茲的為視障同胞之生計與福利所做的努力，故樂為之序。

李健祥

中國醫藥大學兼任副教授

摘要

　　工作之於當事人的意義，絕不僅僅是賺取金錢與改善生活而已，也是融入主流社會的重要管道。在臺灣，按摩業是視障者最多選擇之職業。民國97年（2008AD）大法官釋憲第649號後，宣告：「身心障礙者保護法第37條第一項前段規定：『非本法所稱視覺障礙者，不得從事按摩業』，與憲法第7條平等權、第15條工作權及第23條比例原則不符，應自本解釋公告之日起至遲於屆滿3年時失其效力。」開放按摩業後，視障者該如何面對龐大的競爭者，以及重新建立一個教考訓用的制度來回應。

　　本文透過日治時期與國民政府時期視障教育，以及職業訓練等政策的比較整理，發現視障按摩業在不同政權下有著迥然不同的面貌。（一）日治時期，在明治維新的西化浪潮下，殖民政府透過教育體系、國家考試與執業要件三個環節配合，法律給予規範設定進入相關行業的門檻。當時按摩、針灸被納入衛生醫療體系，視障者在教育優勢下，接受完整的教考訓用，通過考試的視障者除了按摩之外，還可以從事針灸與西洋按摩（マッサージ），因而奠定了視障按摩業在臺灣的地位。（二）國民政府時期，「新醫師法」頒布後，按摩被重新定義，將視障按摩去醫療化，且以「優惠性待遇」保障視障按摩業。按摩教育養成明顯不足，但仍保留國家考試與執業要件，而在教育端缺乏專科以上學校設置，淪為救濟政策下的職類。（三）大法官釋憲，認為：「繼續保留視障按摩業是忽略視障者除了按摩之外的工作能力。」事實上，在工作場域中，處處需要使用視力，視障者就業與轉業充滿困難，並非單純的補助就能解決，抑或是增加重建單位的評估就能達成。應以「全人觀點」的角度出發，要回歸到視障者本身、視障者家庭、視障者就業職場與視障者重要他人等

因素都是密不可分。（四）自由市場良性競爭下，視障者所憑藉的是紮實的專業訓練，而不是救濟政策。這一方面有賴各職訓、相關機構的課程設計，或參考其他國家，如日本、英國、德國等視障教育與職業輔導政策。

關鍵詞：視覺障礙者、視障教育、視障按摩、針灸。

目錄

表目錄

x

第一章、緒論

　　以農業立國的傳統社會，盲人常被視為是經濟弱勢、被救濟，所從事的工作多為苦力、走唱、算命為生，或因被棄養而且無一技之長，淪為乞丐之流沿街乞討為生。政府對他們也缺乏系統、長遠的救濟，因此造成人們對盲人存在一種偏見，認為他們是沒有生產能力的、除了浪費糧食之外別無價值。[1]對其稱謂也多帶有歧視與輕蔑，如青盲仔、瞎子、脫窗等。[2]臺灣本島開始有特殊教育則始於清光緒 17 年（1891AD），英籍牧師甘為霖（Dr. William Campbell, 1841-1921AD）在臺南市設立「青盲學」[3]提供家境不好的盲生伙食住宿，教導盲人聖經、點字、手藝等，開啟臺灣特殊教育的先河。[4]而真正突破中國傳統慈善救濟念，而以制度性機制設立特殊學校教育盲人，則始於日本殖民政府。

　　日治時期，待臺灣政局漸趨穩定，日本政府開始致力於文化與教育，由於針灸和按摩在日本是盲人的傳統行業，因此在臺灣的盲啞學校中也安排這些課程。盲啞學校的盲生部設有普通科、高等科以及技藝科；技藝科又分為針按科、按摩科和音樂科，及按摩專修科。[5]普通科招收對象為 8 歲以上的學生，專修科為 15 歲以上的學生。[6]日本政府有計畫地透過教育體系、國家考試與執業要件三個環節配合，使得視障按摩業走向專業化，針灸業者，須特定學校畢業，且通過考試檢定資格才可執業。

1　呇建平：〈晚清基督新教盲教育〉，《湖北教育學報》，24.4（2007），頁 99-101。
2　柯明期：《中途失明者適應與重建研究》（台北市：國立臺灣師範大學特殊教育研究所碩士論文，2003），頁 10。
3　「青盲」一詞首見於隋‧巢元方《諸病源候論‧卷二十八目病諸候》：「青盲者，謂眼本無異，瞳子黑白分明，直不見物耳」。後世多以「青盲」稱視障者。
4　吳武典：〈臺灣特殊教育綜論（一）：發展脈絡與特色〉，《特殊教育季刊》，129，頁 11-18。
5　吉野秀公：《台灣教育史》（出版地與出版單位不詳，1927）。
6　臺灣總督府文教局：《臺灣總督府學事第二十二年報》（台北：吉村商會，1926），頁 22-25。

1924 年（大正 13 年）3 月「按摩營業取締規則」、「針術、灸術取締規則」頒布，盲啞學校被指定為合格的針術、灸術、按摩術訓練學校，因此職業教育與就業準備是其教育重點，盲校相關師資、課程、設備、資源的配置皆以培育此職類人才而規劃。[7]隨著盲校畢業生的增加，從事按摩業的臺籍盲人增加，在電話未普及之前，盲人是夜晚沿著街道吹著笛子稱之為「繞龍」，以吸引需要按摩的人注意，來找他們去按摩。[8]因此，臺灣社會也由不熟悉按摩，漸漸地瞭解笛聲的意義，而有按摩的習慣，盲人與按摩業也因此而被劃上了等號。

　　國民政府遷臺後，雖然政局改變，大多數的視障者仍以按摩手技安身立命，養家活口。民國 56 年（1967AD）新《醫師法》修正公布，並於民國 64 年（1975AD）施行，視障者非醫療人員，因此禁止施行針灸術，根據《殘障福利法》第 8 條規定：「從事按摩業者依法為領有殘障手冊之視覺障礙者」，將按摩業設定為視障者的保留性職業。政策性的將醫療按摩以「醫療法」規範，只有醫師、護士等醫事人員可以為之；而由盲人所為者則為單純的手技，僅是保健行為且不得宣稱療效。在福利法「非視覺障礙者不得從事按摩業」的保護傘下，坊間按摩相關行業若有違反則須接受《殘障福利法》的罰鍰。民國 97 年（2008AD）10 月 31 日司法院釋字第 649 號解釋，宣告身心障礙者保護法第 37 條第一項前段規定：「非本法所稱之視覺障礙者，不得從事按摩業」違憲，應至公佈日起 3 年內失效。因此，自民國 100 年（2011AD）起按摩不再是視障者的保留性職業。

---

7 周美田、周珮琪、李德茂、周立偉：〈視障者留日學習理療按摩與國內就業環境演變之探討〉，《身心障礙研究》17.1（2019），頁 36-53。
8 台灣慣習研究會：《台灣慣習記事》5.4（1905），頁 60-62。

第一節　動機與目的

本文以「臺灣視障按摩史-從日治時期談起」為題的考量有以下幾點：

一、日治時期，能夠從事按摩和針灸工作的盲人，必定是盲校畢業，能夠說流利的日語，學歷、所得較一般人高，職業被尊重，甚至被尊稱為「先生」。國民政府時期，《殘障福利法》規定非視覺障礙者不得從事按摩業，但是視障者的收入並未因此而相對提高，且按摩業被認為是「下九流」之列，甚至許多視障者本身也不願意學習按摩，尤其是女性視障者被不肖顧客性搔擾事件時有所聞，視障按摩業更有被污名化與色情相關的情況。造成視障者如此困境必有其歷史背景，日治時期和國民政府時期的視障按摩教育，在教考訓用上的差異是本文探討的重點。

二、司法院釋字第 649 號解釋後，按摩不再是視障者的保留性職業。視障者希望能改變其職訓的方式，使他們能重新投入理療按摩。但是以目前醫療人員養成體系而言，物理治療師的學歷普遍都在大專以上程度。視障按摩養成體系兩所盲校只有高職程度，有必要提升到大學程度。是否設立專門學校，或是開放盲生報考醫學院所屬復健相關學系，值得教育單位重視。

三、他山之石，可以攻錯：目前不論是民俗調理或視障按摩都處於混亂的局面，重新規範與制度化是迫切需要的，其他國家實施已久的按摩相關制度值得我們參考，如德國、英國、日本以及中國大陸等，或許從中尋找出一條可行的路，對於有志從事理療按摩的視障者是一大福音。

第二節　研究材料與方法

臺灣視障按摩史包含兩個時代，日治時期部分資料主要採用官方公報、檔案、報紙、雜誌、統計資料等做整理與歸納，再加上相關的日治

時期名人個人日記、詩作等作為佐證。許多檔案資料目前都已數位化，可以直接透過網路取得：「國立臺中圖書館數位典藏服務網」收錄許多日文古籍與日文報紙，可以找到盲啞學校學制、國勢調查、盲人傳統三療、按摩術營業取締規則等相關報導。「日治時期期刊全文影像系統」收錄日治時期期刊約 300 餘種，《臺灣教育會雜誌》及地方教育會會報等，可了解當時教育的發展；《臺灣慣習記事》、《婦人與小孩》等，有許多視力保健、盲人相關的研究與報導。日本國會圖書館已將明治、大正、昭和前期，可公開著作權的古籍數位化。歷年各次戶口調查、國勢調查，均可在此找到完整資料。

國民政府時期部分資料，來源為政府公報資訊網（包括總統府公報、行政院公報、立法院公報、司法院公報、考試院公報、監察公報、地方政府公報）、全國法規資料庫、臺灣省政府公報等，可以釐清不同時期法規內容與演變對於視障按摩之影響。另外，舊報紙資料庫以及教育相關期刊如《師友月刊》、《台灣教育輔導月刊等》則有助於瞭解早期特殊教育的發展過程與經驗。現代學者相關論述、傳記資料、期刊論文也是參考資料的範疇。並透過訪談留日學習理療按摩之視障者，以探討臺灣視障者在不同時期遠渡重洋學習按摩的動機、歷程，及對其日後就業的影響。

第三節　研究現況與問題意識

檢閱現代相關專書與論文研究，針對「盲人按摩」這一主題，日治時期，按摩業在臺灣是一個新興的產業，初期執業者以日本內地來臺的日本人為主，臺灣盲人開始這類職業教育則與宗教有關，許多善心人士和宗教家基於大愛，開設盲人學校教育盲人各種謀生技能，希望盲人能提升自己的社會地位並能養活自己。真正突破中國傳統慈善救濟觀念，

而以制度性機制設立特殊學校教育盲人，則始於日本殖民政府。大正年間日本政府才接管盲人的教育，由於日本內地的盲校有針灸與按摩課程，因此盲啞學校除一般課程外，也加入針灸與按摩為主要的職業訓練課程，使得臺籍盲生畢業後，從事按摩行業的人數日增。[9]盲人教育從清代時透過傳教士消極的養護教育目的，到日治時期成為積極的教育目的；從社會事業轉變為近代的教育的模式。由南北兩所盲校的學制，可見日本政府對於盲人的教育是一系列的「教考用」，值得我們注意的是（一）按摩、針灸並沒有限制為盲人專業，明眼人也可從事。（二）按摩、針、灸從業人員須相關學校畢業，且修業一定年限方可參與考試。（三）盲人與一般人一樣參與考試取得證照，面對嚴格的執業取締規則，盲人也不例外。僅在按摩學科考試上，考慮其視力問題，而區分為甲乙兩種。[10]此種積極的教考用模式，在現代盲人多元就業的時代，仍有值得我們借鏡的所在。

　　國民政府時期，民國 34～56 年（1945～1967AD），盲校的專業課程與訓練仍保持日治時期的內容：針灸，按摩、電療；但是，民國 56 年（1967AD）「新醫師法」通過之後，視障者只能從事按摩業，而有「身心障礙者保護法」第 37 條第一項前段規定：「非本法所稱之視覺障礙者，不得從事按摩業」，將按摩業列為視障者的保留職業。政令的改變，無形中也影響盲校的教育方針與內容，七〇年代除了「寄宿」性質的盲校外，為了使視障者能融入社會，也讓社會更瞭解視障者，「盲生走讀計劃」與「融合教育」應運而生。隨著資訊科技發達，社會急速變遷的結果，視障者在工作類型上也有所改變。研究指出視障者主要工作類別有：按摩、中小學教師、點字校對工作、盲用電腦教師、非營組織行政等專員、有

9　吉野秀公：《台灣教育史》（出版地與出版單位不詳，1927）。
10　佐藤會哲：《臺灣衛生年鑑》（台衛新報社，1932），頁 263-273。

聲書製作、電話服務專員、公職。[11]其他新興職種如街頭藝人、網拍、心理協談人員、人力資源幹部、廣播持人、系統設計師等，但是按摩仍是視障者的主流職種。[12]許多學者針對此一問題做研究，有從社會學觀點探討盲人從事按摩業的歷史因素，[13]或是以工作實務觀點探討視障按摩職業類型、[14,15,16]消費者對於視障按摩業服務品質滿意度的調查，[17]以及職場環境設計與改善對行銷成效影響之探討，也有針對視障按摩工作人員

---

[11] 周美田、周珮琪、李德茂、周立偉：〈從生命教育與重建探討中途失明者從事按摩業〉，《身心障礙研究》16.1（2019），頁 36-53。

[12] 彭淑青，〈重度視覺障礙者的就業挑戰與現況〉載於李秀鳳（主編）：《2010 年開創視覺障礙者多元就業之探討國際研討會論文集》（臺北市：臺灣數位有聲習推展學會），頁 94-102。

[13] 邱大昕：〈為什麼馬殺雞？視障按摩的行動網路分析〉，《台灣社會研究季刊》83（2011），頁 5-36。

[14] 王育瑜：〈視障按摩多元職業類型演變與按摩弱勢型態分析〉，《台灣社會研究季刊》83（2011），頁 37-93。

[15] 白郁翔：《視障者多元化就業之敘說研究》（新莊：輔仁大學社會工作學系碩士論文，2016）。

[16] 李宜樺：《屏東縣視障按摩業者經營模式與因應策略之探討》（樹德科技大學經營管理研究所碩士論文，2009）。

[17] 胡佩君：《消費者接受視障按摩服務品質重視度與滿意度研究-以高雄市為例》（台南大學特殊教育學系碩士論文，2015）。

健康問題，[18,19,20,21,22,23]以及女性視障者職場安全的研究。[24,25]在法律層面，針對民國 97 年（2008AD）10 月 31 日司法院釋字第 649 號解釋，宣告視障按摩保障違憲，學者們也多所探討，[26,27,28]研究釋憲理由書認為：

> 視障者知識能力日漸提升，得選擇之職業種類日益增加下，系爭規定易使主管機關忽略視障者所具稟賦非僅侷限於從事按摩業；以致系爭規定實施三十年而職選擇多元之今日，仍未能大幅改善視障者之社經地位。目的與手段之間難謂具備實質關聯性，從而有違憲法第七條保障平等權之意旨。[29]

[18] 張國萍：《視障按摩人員關係行銷、專業能力、關係品質與購買行為之研究－以臺南視障按摩為例》（高苑科技大學企業管理系經營管理碩士論文，2016）。

[19] 李菁華：《自雇型視障按摩師行銷困境與行銷需求調查研究》（國立彰化師範大學特殊教育學系教學碩士班碩士論文，2008）。

[20] 胡佩君：《消費者接受視障按摩服務品質重視度與滿意度研究-以高雄市為例》（台南大學特殊教學系碩士論文，2015）。

[21] 曾宿英：《室內輕裝修協助視障按摩業者經營空間的角色探討》（台中科技大學室內設計碩士論文，2014）。

[22] 張彧：《按摩從業人員肌肉骨骼疾病盛行率及成因調查》，（國立台灣大學公共衛生學院職業醫學與工業衛生研究所博士論文，2007）。

[23] 李佩容：《視障按摩工作者的工作狀況與職場健康-以台北市為例》（台北：臺灣大學公共衛生學院健康政策與管理研究所碩士論文，2013）。

[24] 呂思嫻、林雅容、邱大昕：〈台灣女性視障按摩師的職污名管理〉，《身心障礙研究》11（2013），頁 101-115。

[25] 呂思嫻、邱大昕：〈是按摩也是管理：探討女性視障按摩師如何維持勞動時的身體疆界〉，《身心障礙研究》9.4（2011），253-268。

[26] 王育瑜、李婉萍：〈政策風暴下的視障按摩社群：社群能力建構歷程的觀察〉，《臺灣社會工作學刊》9（2010），頁 1-40。

[27] 何世芸：〈從司法院釋字第六四九號談視障者的賦權增能〉，《 國小特殊教育》51（2011），頁 84-94。

[28] 邱大昕：〈被忽略的歷史事實：從視障者工作演變看大法官釋字第六四九號解釋〉，《社會政策與社會工作學刊》13.2（2009），頁 55-86。

[29] 參《司法院公報》50.12（2008），頁 32。

按照釋憲理由書的內容，大法官認為在繼續保留視障按摩條款，是忽略視障者除了按摩之外的工作能力；且按摩業依其工作性質與所需技能，並非僅視障者方能從事，對於想從按摩業的非視障者造成過度限制，且同屬身心障礙之非視障者也在禁止之列，並未如視障者享有職保留之優惠，認為該法條應予以廢止。事實上，對於這些取消保障條文，其目的都不是為了增進視障者的福祉或工作權利，而是忽略視障者轉業與就業的困難，只有更加深視障按摩業的衝擊，[30]保障條文廢除後的配套措施為何？是值得更進一步研究。

由以上相關研究可知：學者們對於「盲人按摩」的討論多以「按摩業為視障者的保留性職業」為主題，或是在其他的主題脈絡下，討論到「按摩」這個子題，進而反應出當代社會對於按摩業的認識與經驗。本文將從歷史的觀點，探討視障按摩業的歷史軌跡，以瞭解此百年行業的起落。

本文將分四個部分。首先，筆者將以「視障」與「按摩」為核心，討論各國對視覺障礙的定義，以及按摩在中醫典籍《內經》及其他醫學典籍對此議題的闡述。其次，探討日治時期（1895-1945AD）臺灣視障者的新興產業，按摩的教考用。再次，探討國民政府時期視障按摩業的教考訓，以及 649 釋憲後政府對視障按摩業的補救措施。最後，參酌各國對視障者的職業政策，或可成為政府在制定視障者職業重建政策的參考，結論中，筆者將反思臺灣視障按摩產業，從日治時期的盲啞學校一脈相傳，視障按摩被納入醫療的一環並接受衛生體系的管理。國民政府時期，在「去醫療化」的政策狀況下，按摩被定義為「純手技」，淪為救濟政策下的職類而被保護。民國 97 年（2008AD）大法官 649 釋憲後，一般人

---

30 王育瑜、李婉萍：〈政策風暴下的視障按摩社群：社群能力建構歷程的觀察〉，《台灣社會工作學刊》9（2010），頁 1-40。

均可從事按摩業，為顧及開放後對視障按摩業的衝擊，政府花費大量的人力與經費對視障按摩業來做補救，但是，整體的配套措施是否僅是單純的補助措施就能解決，抑或是增加重建單位的評估就能達成，是值得再進一步探討。

第二章、視障者與按摩

　　先秦古籍中對於視覺狀態的描述，除了「盲」之外，還有眇、矇、瞍、瞽、瞑……等。東漢·許慎《說文解字》中對於這些字都有詳細的說明，所謂目無牟子，黑白不分者稱為「盲」；有眼睛而沒有瞳孔的叫「瞍」；有眼睛但看不見的叫「矇」；眼睛小的稱為「眇」；完全沒有眼睛的才稱之為「瞽」或「瞑」。以上這些區分方式是依照外觀和行為來判斷的。在人類歷史上，身體上眼、耳、口等五官的缺損，基本上是透過「社會共識」的方式來建立的。因此除非視覺缺損是可以由外觀判別，否則只能透過盲人家屬或鄰居，按照生活情境與社會角色來判斷盲人身份。傳統上，在公共政策的角度而言，對於身心障礙者的態度，是由一般人基本義務中提供較優惠及簡化的政策服務方案，但甚少有特殊而顯著的權力。[1]17～19世紀末歐洲及美國社會上，對待身心障礙者以孤立隔離的方式，19世紀末至20世紀中葉醫療化開始盛行，個別化概念也在20世紀末期展開。聯合國世界衛生組織（WHO）於1980年針對如何界定身心障礙有一個共同的規範，基本上它是以醫學角度為出發點來衡量，疾病形成的過程為：病因、病理、顯現疾病，而身心障礙的形成也是如此。[2]對於視覺障礙者的定義，是指先天盲、外傷、黃斑部病變、視網膜剝離或病變、青光眼或腦部外傷等先天或後天原因，導致視覺器官（如眼球、視覺神經、視覺徑路、大腦視覺中樞）之構造或機能發生部分或完全障礙，經治療仍對外界事物無法或甚難作視覺之辨識者稱之。[3]

---

[1] 林金定：〈身心障礙概念發展〉，《春暉》20（1998），頁2-3。

[2] 林金定：〈智能障礙科學研究與發展-趨勢與展望〉，《身心障礙研究季刊》2.3（2004），頁126-133。

[3] 行政院衛生署：《復健醫療工作手冊》）（台北：行政院衛生署，1992），頁22。

第一節　各國對視覺障礙的定義

視覺障礙通常涉及三個相關名詞，即視覺損害（visual impairment），視覺缺損（visual disability）和視覺障礙（visual handicap）。[4]分述如下：

一、視覺損害：是指「視覺機構的基本功能發生可鑑定的缺損」，醫學專業人員經常採用這個定義。

二、視覺缺陷：指「因視覺損害導致視覺功能受到限制和不利」，進而鑑別出五種因為視覺損害而產生限制的生活功能領域：包括健康、社交-態度、行動、認知-智能、和溝通能力。視覺損害所產生的視覺缺陷和限制，可由醫學、教育、復健等措施而減輕。

三、視覺障礙：是指「由於個人或社會對視覺損害有不當的期望與態度，導致正常生活功能的表現處於不利的地位」，例如升學、就業考試沒有提供點字及大字試題，導致視覺障礙者無法表現其能力，此為社會態度所產生的障礙。又如家長過度保護，使得受過定向行動訓練的盲生，無法獨自外出購物，因而成為行為障礙。教育上多採用視覺障礙為定義，若一個視覺損害者需要教育和復健服務，就是視覺缺陷者，若經適當的服務（例如使用光學輔助器、讀走技能訓練）而能參加特定的活動，則其在該領域就不再是視覺障礙者。目前英文期刊和書籍的標題多傾向於採用視覺損害而非視覺障礙。

除了上述三種視覺障礙情況，同時具有兩種以上障礙狀況者，稱為視多重障礙（Visual Multi-handicap），其障礙組合複雜且獨特，每個兒童間的個別差異極大。雙重的障礙也使得這類兒童在發展、學習和行為上產生多重的困難。在行為上常表現出的症狀有過動、自閉傾向、注意力

---

[4] 郭為藩、陳榮華：《特殊兒童心理與教育》（台北：中國行為科學社，1983），頁2。

渙散、自傷行為、癲癇、破壞性行為、刻板式的習慣動作，和其他問題行為。在發展狀況上常顯現出心智遲緩、生活自理能力低下、運動機能障礙、社會適應不良、缺乏基本語言表達能力、認知和知覺困難等。[5]但是也有些多重障礙兒童的智力是正常，甚至天賦優異，但因溝通管道和學習途徑的阻礙而形成遲緩或低成就，因此，早期發現、鑑定、教育安置對於啟發多重障礙兒童的潛能和預防其障礙的惡化，有極重大的意義。

隨著時代的進步，醫學技術日新月異，科學輔具不斷的研發，對於視覺的定義也有不同的觀念。根據 WHO 在 2004 年的報告，全球視力不良、低視力（優眼視力小於 6/18，大於 3/60）的人口約一億六千萬；失明（優眼視力小於 3/60）的人口有三千七佰萬，視障發生的比率在各個地區有許多的差異，造成的原因也不相同，視覺障礙的定義也會因使用的地方或目的而有所差異。但是，保眼防盲的計劃仍是重要的。

一、我國採用的定義

我國對視覺障礙的定義可分為特殊教育的定義和殘障福利的定義兩種。

（一）特殊教育的定義：

依萬國式視力表來測定，視覺障礙是指最佳矯正視力（優眼視力）未達 0.3 或視野在二十度內者。[6]依障礙程度分為弱視和全盲兩類（表 2.1）。

---

[5] 教育部：〈特殊教育概況〉《教育部特殊教育工作小組參考手冊》（1999），頁 1，2，141。
[6] 《特殊教育法施行細則》第 17 條，（教育部，1987）。

表 2.1、視覺障礙分類

分類	標準
全盲	優眼視力測定值未達 0.03，無法利用視覺學習，須經由觸覺（如點字）或聽覺（如錄音帶）讀取資訊，並須使用盲用手杖輔助行走。
弱視	優眼視力測定值在 0.03 以上，而未達 0.3，或其視野在二十度以內，須利用放大文字或光學輔助器材為學習工具者。

　　若受測者在一公尺距離尚無法讀出最大字體，則令其計算主測者之手指數，並記以某特定距離之數手指，再依序測其手動、光感。

（二）殘障福利（殘障者保護）的定義：

　　根據行政院衛生署於民國 97 年（1991AD）7 月修訂，民國 101 年（2002AD）公告的「身心障礙等級」，將視覺障礙定義為：「由於先天或後天原因，導致視覺器官（眼球視覺神經、大腦視覺中心）之構造或機能發生部分或全部障礙，經治療仍對外界事物無法（或甚難）作視覺之辨視而言」。身心障礙之核定標準，視力以矯正視力為準，經治療而無法恢復者，其障礙程度依視力、視野及眼球運動分為輕度、中度、重度三等級，極重度則指多重障礙。各等級標準如下所示（表 2.2）：

表 2.2、視障程度分類

等級	標準
輕度	1. 兩眼的優眼視力在 0.1～0.2 者。 2. 兩眼視野各為 20 度以內者。 3. 優眼自動視野計中心 30 度程式檢查，平均缺損大於 10DB 者。 4. 單眼全盲（無光覺）而另眼視力在 0.2～0.4 者。
中度	1. 兩眼的優眼視力在 0.1 以下者。 2. 優眼自動視野計中心 30 度程式檢查，平均缺損大於 15DB 者。 3. 單眼全盲（無光覺）而另眼視力 0.2 以下者。
重度	1. 兩眼的優眼視力在 0.01 以下者。 2. 優眼自動視野計中心 30 度程式檢查，平均缺損大於 20DB 者。 3. 單眼全盲（無光覺）而另眼視力 0.2 以下者。
極重度	除視覺障礙外，合併其他障礙類型。

　　由以上定義，優眼的視力未達 0.3 者，即可獲得特殊教育的服務措施，而殘障手冊的核發則是依據殘障福利的定義，優眼視力值須在 0.2 以下。

　　由於主管教育行政機關對於視障學生之升學甄試辦法和經費補助措施，都是以殘障手冊為標準。對於視力測定值在 0.2～0.3 之間輔導有案的視障學生，在政策上有較大的爭議。所以教育部於民國 81 年（1992AD）委託國立臺灣師範大學張蓓莉教授召集學者專家共同研修「特殊教育法施行細則」，結論建議將特殊教育的定義修正成和殘障福利法一致的輕、中、重度等級；並且增列了「輕微視覺障礙」等級（視力測定值在 0.2～0.3 之間）。裨能讓兩種定義相互對照，並兼顧教育與福利的特殊需求。

二、日本採用的定義

　　日本教育法施行令對視障者規定如下：

（一）萬國視力表測試，兩眼視力在 0.1 以下者。

（二）兩眼視力在 0.1 以上 0.3 以下，除視力障礙外，尚有重度之視覺之機能障礙，須由點字接受教育者，或將來可能須用點字接受教育者。

　　日本視障教育的對象是以功能性來區分，以點字教學或放大字體的教學來區分。再加上有些彈性就是將來視力可能退化須經由點字接受教育者也都是視覺障礙教育的對象。另外，規定兩眼的視力是一種比較合理且比較實際的作法，因為在看東西或字體時，通常是以兩眼來看，而非以優眼來看。特別是潛伏性眼震的人，在單眼遮避時會發生眼震的現象，如此所測得單眼的視力就會降低。日常生活中，看東西時「兩眼視」比「單眼視」要看得更清楚。[7]

---

[7] 文部省學校評量標準制定委員會，張勝成、陳騰祥譯：《日本學校評量標準及

三、美國採用的定義

美國對於眼盲和視覺損害的定義，因專業目標不同而產生差異，共分為法定定義、教育的定義、復健服務的定義和世界衛生組織的定義四種。[8]視力值是以 Snellen Charts 測得。

（一）法定定義：主要是基於法定利益，如減稅、補助特殊教材、特殊教育等輔導經費的依據。

　　1. 盲（blind）：矯正後優眼視力值在 20/200 以下，或視野限制在二十度以下者。

　　2. 弱視（partially seeing）：矯正後優眼視力值優於 20/200，但少於 20/70。

（二）教育的定義：這是基於在學習上使用視覺機能為考量。

　　1. 盲（blind）：須經由聽覺或觸覺教材學習者稱之。

　　2. 弱視（law vision）：經矯正後仍有嚴重的視覺損害，但可使用視覺機能來學習者。

　　3. 視力受限（limited vision）：在一般情況下使用視力受到限制，但經採光、光學矯正、教材放大，可獲得極大改善。

（三）復健服務的定義：主要是基於獲得州政府協助就業訓練與安置。其定義最主要是視覺損害，有所謂的代碼 100RSAL。

　　1. 100～109 就是兩眼全盲，無光覺。

　　2. 110～119 就是兩眼皆盲，矯正後優眼視力值在 20/200 以下，或視野限制在 20 度以內。

其實施》（彰化縣：彰化師大學特殊教育學系，1996），頁 47。
[8] 萬明美：《視覺障礙教育》（台北：五南，1996），頁 36-37。

3. 120～124 就是一眼盲，另一眼有缺損。矯正後優眼視力值少於 20/60，但優於 20/200，或視野限制在 20 度以內。

（四）世界衛生組織的定義：

1. 盲（blind）：可分為兩種，全盲：完全無視覺；近盲（near blind）：無法依靠視覺活動。

2. 弱視（low vision）：又分為兩種，極重度（profound）：執行粗略視覺作業有困難。重度（severe）：執行精細視覺作業有困難。

美國的法定定義並沒有考慮視覺機能的變異性，例如個人的視力狀況可能會變動，或因病理的因素，故在某些環境條件下視覺機能較困難。教育上的定義則基於能在學習上使用視覺為考量，盲主要是指視覺嚴重損害。

第二節　視障疾病盛行率

根據衛生福利部統計調查，截至民國 105 年（2016AD）年底為止領有身心障礙手冊者達 1,170,199 人，較民國 104 年（2015AD）增加 14,549 人，領有手冊之身心障礙人口呈現逐年上升趨勢，其中視覺障礙人口有 57,291 人，占障礙人口的 4.9%，且多達 80%為中途失明者。[9]研究指出民國 89～102 年（2000AD～2013AD）因疾病造成視覺障礙比率最高，壯年人口之視覺障礙人數隨年代變遷有上升趨勢，且男性視覺障礙人數皆高於女性。就視障族群而言，大部份造成視力不良的因素，如高度近視、散光、眼球肌肉不協調、兩眼視差過大，眼軸長度問題、聚焦困難、視野狹小、視網膜成像問題、或其他相關的眼睛疾病所造成的視力問題，

9　衛福部：〈身心障礙者生活狀況及需求調查〉（2017），
　　http://dep.mohw.gov.tw/DOS/np-1714-113.html

都可透過視力矯正配戴眼鏡，或眼科治療而改善視力問題。[10,11]

關於造成「盲」的原因，早期世界衛生組織曾指出全球有四大病因：沙眼（trachoma）、眼球乾燥症（xerophthalmia）、蟠尾絲蟲病（onchocerciasis）、白內障（cataracts），前三者多都發生在未開發及開發中國家，屬於可預防的病因，目前在先進的國家已很少見。[12]沙眼，因衛生單位推動沙眼防治已經有明顯的效果，眼球乾燥症主要是在幼年的時罹患痲疹或高燒造成眼球癆、眼球萎縮，加上食慾差與營養不良，使得維生素 A 缺乏造成角膜潰瘍、角膜軟化產生而失明。蟠尾絲蟲病多發生於非洲和拉丁美洲，在臺灣很少見。至於白內障，有許多醫師尤其在美國認為它不是造成視力障礙的原因，因為它可經由開刀而重見光明，所以成人型白內障有很多是因為沒有接受開刀所造成的。

隨著時代的進步，醫藥衛生的改善，造成視覺障礙與盲的因素也有改變。臺灣的多個研究顯示不同的年代造成失明的原因有其差異，張芳滿、陳五福針對慕光盲人重健中心從民國 48～74 年（1959AD～1985AD）共 26 年間學生失明原因做統計，共有視障生 277 人，年齡層從 14～48 歲，以 20～29 歲的年輕人最多。這些學生經過 Landolt C test 以及鏡片矯正後，視力都在 0.05 或以下。其主要致盲原因共有 10 種，其中以先天性或遺傳，外傷，角膜混濁，視神經萎縮，葡萄膜炎占最多。並且發現在民國 59 年（1970AD）之前，最多最普遍的失明原因是先天性、遺傳性和角膜混濁，而民國 60～73 年（1971AD～1984AD）則是以視神經

---

[10] Seligmann, J. (1990). Making the most of sight. Newsweek, 115(16):92-93.

[11] 鄭靜瑩、蘇國禎、孫涵瑛、曾廣文、張集武：〈專業合作在低視力學生光學閱讀輔具配置及其閱讀表現之研究〉，《特殊教育與復健學報》21（2009），頁 49-74。

[12] 蔡瓊瑤、黃榮輝：〈臺北市視覺殘障者失明原因之研究報告〉，《中華民國眼科醫學會雜誌》22（1983），頁 286-296。

萎縮和外傷為主。[13]

　　蔡瓊瑤、黃榮輝於民國 71 年（1982AD）針對臺北市，士林、北投、陽明三地區以及其他十四區的檢查範圍 820 人，以萬國式視力檢查表測定視力，以及用凹凸鏡片校正並經細隙燈顯微鏡和眼底鏡觀察。以單眼最佳校正視力小於 0.1 者為對象，總共檢查 568 人，對其失明原因提出報告，結果以先天性異常為首位，其次是傳染性疾病，第三是外傷。先天性異常以白內障為最多，其次是先天性網膜色素變性，第三為先天性青光眼。發病年齡在三個階段疾病分佈的情形：（一）小於 20 歲的主要是以先天性異常、傳染性疾病、外傷和腫瘤為主；（二）發病年齡大於 20 歲小於 40 歲者，是以外傷、傳染性疾病、青光眼、網膜剝離為主因；（三）大於 40 歲以上者是以白內障、青光眼、外傷、糖尿病為主要。[14]

　　民國 81～94 年（1992AD～2005AD），臺灣三個不同地區（包括北投、石牌以及馬祖）所作的社區流行病學調查，都指出視網膜病變是造成視障的第二大原因，僅次於白內障。[15,16,17]視網膜病變又以老年性黃斑部退化（AMD），糖尿病視網膜病變和高度近視為最重要原因。有三到

---

[13] 張芳滿、陳五福：〈慕光盲人重健中心學生失明原因統計〉，《中華民國眼科醫學會會刊》25（1986），頁 712-717。

[14] 蔡瓊瑤、黃榮輝：〈臺北市視覺殘障者失明原因之研究報告〉，《中華民國眼科醫學會雜誌》22（1983），頁 286-296。

[15] Hsu, W. M., Cheng, C.Y., Liu, J. H., Tsai, S.Y., Chou, P. (2004). Prevalence and causes of visual impairment in an elderly Chinese population in Taiwan: the Shihpai Eye Study. *Ophthalmology, 111*:62-69.

[16] Liu, J. H., Cheng, C. Y., Chen, S. J., Lee, F. L. (2001). Visual impairment in a Taiwanese population: Prevalence, Causes, and socioeconomic factors. *Ophthalmic Epidemiol, 8*: 339-350.

[17] Tsai, I. L., Woung, L. C., Tsai, C. Y., et al. (2008). Trends in blind and low vision registrations in Taipei City. *Eur J Ophthalmol, 18*:118-124.

四成的成人視障人口是導因於這三種視網膜病變，[18]而且比率會隨著年紀增長而升高。這三種視網膜病變的共同點有二：一是雙眼受到影響，診斷上必須依賴散瞳檢查和眼科醫師的專業判斷，定義和分級上已有國際上公認的眼底照像標準。另一個共同點是視力一旦減退，尤其是黃斑部受影響後其復元的機會不大。

羅道澤、張翠嚴、陳仲達於民國 92～93 年（2003AD～2004AD）針對啟明學校共 89 名學生視障程度與其原因探討。採用 Snellen's Illiterate E Chart 為測量工具，所得結果根據 IBSA 國際盲人運動員的醫學分級，由 B1 至 B3 共計三級，視力在 0.1～0.3 者得另列為視力缺損（Visual impairment）。結果顯示：B1 級：雙眼無光感或有光感，但在任何距離、任何方向均不能辨識手的形狀，占 46%。B2 級：視力在 0.03 以下，占 19%。B3 級：視力介於 0.03～0.1，占 28%。視力缺損：視力在 0.1～0.3，占 7%。[19]造成視障最常見的的解剖位置是視網膜，共 31 例，其中 21 例是早產兒視網膜病變 ROP（retinopathy of premature）；病因學方面以原因未明占大宗共 52 例，占第二位的是產褥期的因素，其中以早產兒視網膜病變最多，中樞神經性問題居次，而角膜及晶體問題所占的比率較少。

根據民國 97 年（2008AD）WHO 調查指出：全世界至少有一億兩仟四佰萬的視障人口，其中有四分之一的病患可以透過屈光矯正的方式得到改善。[20]民國 99 年（2010AD）年的調查結果顯示視障者增加至二億捌

---

[18] 陳世真、程景煜：〈臺灣地區視網膜的盛行和衝擊：相關文獻的回顧〉，《中華民國眼科醫學會雜誌》43.3（2009），頁 237-244。

[19] 羅道澤、張翠嚴、陳仲達：〈啟明學校兒童視障程度與其原因探討〉，《臺灣家醫誌》15（2005），頁 77-86。

[20] Resnikoff, S., Pascolini, D., Mariotti, S. P. & Pokharel, G. P. (2008). Global magnitude of visual impairment caused by uncorrected refractive errors in 2004. *Bulletin of the World Health Organization,* Retitreved from the http://www.Sciencedaily.com/releases/

仟伍佰萬人，造成視障的主因是屈光不正（43%），其次是白內障（33%），而白內障也是造成失明的首要原因（51%）。[21]隨著視障人口的增加，相關的學者均指出屈光校正除了可以提升視障者的視力值之外，對其學習、定向行動與生活品質都有正向的影響。[22,23,24,25]然而視障者必須有接受屈光檢查的習慣，卻未被完善的落實，許多人的觀念甚至認為無法藉由屈光矯正的方式來提升其視力值或視覺能力。You 等人於民國 100 年（2011AD）針對中國北京地區的視障者所作的調查研究指出，15%左右的視障者可以透過屈光矯正的方式提升其視力值，[26]但是因為年齡、教育程度、性別、城鄉、與職業等因素而未接受屈光矯正治療的人也占所有視障者的五成以上，You 等人的研究指出，最簡單且有效的視力改善方式仍以配戴眼鏡為主要的方法。

---

[21] Pascolini, D., Mariotti, S. P. (2010). Global estimates of visual impairment -2010. *Bulletin of the World Health Organization, 86,*63-70.

[22] 鄭靜瑩、蘇國禎、孫涵瑛、曾廣文、張集武：〈專業合作在低視力學生光學閱讀輔具置及其閱讀表現之研究〉，《特殊教育與復健常報》21（2009），頁 49-74。

[23] Science News (2012, December 11). *Prevalence of visual impairment in US increases*. Retireved from http://www. Sciencedaily.com/releases/2012/12/1212-11163506.htm

[24] You, Q. S., Xu, L., Yang, H., Wang, Y. X. & Jonas, J. B. (2001). Five-year incidence of visual impairment and blindness in adult Chinese. *Ophthalmology, 118*(6):1069-1075.

[25] 鄭靜瑩：〈輔助科技設備對低視力病患生活品質與獨立行動能力的影響〉，《特殊教育與復健常報》22（2010），頁 43-64。

[26] You, Q. S., Xu, L., Yang, H., Wang, Y. X. & Jonas, J. B. (2001). Five-year incidence of visual impairment and blindness in adult Chinese. *Ophthalmology, 118*(6):1069-1075.

第三節　造成視障的眼科相關疾病

　　眼睛為人類的靈魂之窗，不論是溝通、吸收資訊或是處理日常生活中的事務，都是透過視覺來完成，尤其是現代人使用眼睛的頻率增加，生活 E 化的結果，電腦、3C 產品充斥在日常生活當中，因此瞭解視力保護是非常重要的課題。

一、高度近視視網膜病變（High myopia retinopathy）

　　近視是全世界相當普遍的眼睛疾病，而且每一個地區都在增加。為瞭解各級學校學生的近視盛行率，行政院衛生署於民國 72 年（1983AD）開始每 5 年就委託台灣大學附屬醫院眼科進行學生近視盛行調查，台灣地區 6～18 歲屈光狀況調查結果，顯示近視盛行率逐年上升，惟上升幅度有趨緩現象。[27]民國 89 年（2000AD）國小近視率高達 20.4%，也就是每 5 個國小一年級學童就有 1 個是近視眼，而且國小畢業前近視的學童也達 60.7%。民國 94 年（2005AD）學生近視盛行調查結果顯示，近視率在國小一年級為 19.6%、國小六年級為 61.8%，與民國 89 年比較並無明顯變化。但是民國 99 年（2010AD）的調查結果，發現近視率又有稍微幅度的上升，在國小一年級為 21.5%，國小六年級為 65.9%。[28]

　　臺灣近視族群有三項特點：一、發生得早；二、盛行率高；三、高度近視比率高。根據林隆光等人的研究，發現臺灣近視發生之年齡有兩個尖峰時段，一是 7～8 歲，另一是 13～14 歲。[29]而且近視產生之後，會以一定的速度增加進行，一般而言，國小一年級至四年級平均每年增加 -1.0～-1.25D，而小學四年級至國三平均增加 -0.75～-1.0D，高中後速度

---

[27] 民國 72～95 年近視的定義為近視≥25 度，高度近視定義為近視≥600 度。

[28] 陳政友：〈我國學幼童近視問題與對策〉，《學校衛生》63（2013），頁 103-110。

[29] 林隆光：〈近視的流行病學〉，《健康世界》167（1989），頁 91-93。

減緩，平均-0.5～-0.75D，而大學之後大約每年只增加-0.25D。所以越早產生近視者，將來變成高度近視機會也越大。

　　近視度數超過 600 度者（屈光 $< -6.0D$）稱為高度近視，在臺灣或是日本，高度近視約占近視人口的 6～18%。[30,31]在西方，則只占近視人口的 0.5～2%。[32,33]高度近視容易好發成退化性近視，可能同時出現星月型脈絡膜視網膜委縮，或環繞視神經盤成圓環型委縮等眼底變化。也容易產生併發症如視網膜剝離、黃斑部病變、青光眼、白內障，若不注意會造成失明。

　　在臺灣，學童高度近視的盛行率有逐年增加趨勢。18 歲高中生盛行率由民國 72 年（1983AD）的 11%增加至民國 89 年（2000AD）的 21%。[34]民國 88 年（1999AD）的研究，高度近視只占 65 歲以上人口的 2.4%，[35]可見未來高度近視人口將愈來愈多，高度近視視網膜病變的個案也可能增加。預防之道，除了良好的閱讀習慣外，注重均衡營養、適度運及休息，應減少近視的環境，多做戶外活動，多向遠方眺望，多到郊外踏

---

[30]　Cheng, C. Y., Hsu, W. M., Liu, J. H., Tsai, S.Y., Chou, P. (2003). Refractive errors in an elderly Chinese population in Taiwan: the Shihpai Eye Study. *Invest Ophthalmol Vis Sci*, *44*:4630-4638.

[31]　Tokoro, T. (1998). On the definition of pathologic myopia in group studies. *Acta Ophthalmol Suppl, 185*:107-108.

[32]　Sperduto, R. D, Seigel, D., Robert, J., Rowland, M. (1983). Prevalence of myopia in the United States. *Arch Ophthalmol, 101*:405-407.

[33]　Guggenheim, J. A., Kirov, G., Hodson, S. A. (2000). The heritability of high myopia: a reanalysis of Goldschmidt's data. *J Med Gene, 37*:227-231.

[34]　Lin, L. L., Shih, Y. F., Hsiao, C. k., Chen, C. J. (2004). Prevalence of myopia in Taiwanese Schoolchildren: 1983 to 2000. *Ann Acad Med Singapore*, *33*:27-33.

[35]　Cheng, C. Y., Hsu,W. M., Liu, J. H., Tsai, S. Y., Chou, P. (2003). Refractive errors in an elderly Chinese population in Taiwan: the Shihpai Eye Study. *Invest Ophthalmol Vis Sci.*, *44*:4630-4638.

青。尤其是延緩學童期近視的發生和度數的加深，2 歲以下幼兒不看任何電視，而大於 2 歲之幼兒每天看電視的時間也不要超過 1～2 小時，並且避免太早做太多近距離用眼學習，如執筆寫字、接觸電腦及玩電動。尤其是近視越深和年齡漸長時，高度近視約有 42～45%會合併發生視網膜病變。所以高度近視者應定期的做散瞳眼底檢查與照相，可以早日發現高危險群，在病變發生時盡早就醫。

二、老年性黃斑部退化（Age-related Macular Degeneration）

老年性黃斑部退化（Age-related Macular Degeneration，簡稱 AMD）是一種視網膜黃斑部變性的疾病，特徵是早期在黃斑部出現膠瑩體（drusen）和色素異常的變化，[36]晚期則出現脈絡膜新生血管、視網膜色素細胞剝離、纖維性疤痕或圖像型萎縮的變化。[37]

目前對於老年性黃斑部病變詳細致病機轉仍不十分清楚，一般認為是氧化刺激佔有重要的角色。網膜色素細胞位於視網膜的最外層，因此和其他視網膜位置相比，更容受到氧化刺激。視網膜色素細胞具有許多重要生理功能，它是維持視網膜正常機能的一個重要構造。[38]隨著年齡的增加，氧化刺激所造成視網膜色素細胞的傷害逐漸累積，使得代謝後的物質無法排除而堆積，這些堆積物阻礙了視網膜色素細胞與脈絡膜微血

---

[36] Bressler, N. M., Silva, J. C., Bressler, S. B., Fine, S. L., Green, W. R. (1994). Clinicopathologic correlation of drusen and retinal pigment epithelial abnormalities in age-related macular degeneration. *Retina*, *14*:130-142.

[37] Blumenkranz, M. S., Russell, S. R., Robey, M. G., Kott-Blumenkranz, R., Penneys, N. (1986). Risk factors I age-related maculopathy complicated by choroidal neovascularization. *Ophthalmology,* 93:552-558.

[38] Bok, D. (1985). Retinal photoreceptor-pigment epithelium interaction. *Invest ophthalmol Vis Sci*, *26*:1659-1694.

管之間的物質交換，進而造成視網膜色素細胞受到傷害。[39,40]

　　在西方社會及已開發國家，黃斑部病變是造成 50 歲以上老年人口失明的首要原因。盛行率在 65～74 歲人口為 1%，到 85 歲以上則增加到 13%。[41]在 75 歲以上人口，追蹤 15 年的結果發現，早期和晚期黃斑部退化的累積發生率各為 24%和 8%，[42]而且是造成視力減退至 0.1 以下的主要原因。[43]在美國的研究顯示，華人的黃斑部退化盛行率，不管早期或晚期，都和白人相當。[44]在臺灣的研究發現，早期和晚期的黃斑部退化分別占 65 歲以上老人的 9%和 1.9%，和美國的華人結果接近。[45]但是，住在北京的華人卻有很低的盛行率，[46]我們不禁懷疑，環境因子是造成美國、

[39] Bressler, N. M., Silva, J. C., Bressler, S. B., Fine, S. L., Green, W. R. (1994). Clinicopathologic correlation of drusen and retinal pigment epithelial abnormalities in age-related macular degeneration. *Retina*, *14*:130-142.

[40] Zarbin, M. A.. (2004). Current concepts in the pathogenesis of age-related macular degeneration. *Arch Ophthalmol, 122*:598-614.

[41] Smith, W., Assink, J., Klein, R., et al. (2001). Risk factors for age-related macular degeneration: Pooled findings from three continents. *Ophthalmology, 108*:697-704.

[42] Klein, R., Klein, B. E., Knudtson, M. D., Meuer, S. M., Swift, M., Gangnon, R. E..(2007). Fifteen-year cumulative incidence of age-related macular degeneration: the Beaver Dam Eye Study. *Ophthalmology, 114*:253-262.

[43] Klein, R., Klein, B. E., Lee, K. E., Cruickshanks, K. J., Gangnon, R. E. (2006). Changes in visual acuity in a population over a 15-year period: the Beaver Dam Eye Study. *Am J Ophthalmol, 142*:539-549.

[44] Klein, R., Klein, B. E., Knudtson, M. D., et al. (2006). Prevalence of age-related macular degeneration in 4 racial/ethnic groups in the multi-ethnic study study of atherosclerosis. *Ophthalmology, 113*: 373-380.

[45] Chen, S. J., Cheng, C. Y., Peng, K. L., et al. (2008). Prevalence and associated risk factors of age-related macular degeneration in an elderly Chinese population in Taiwan: the Shihpai Eye Study. *Invest Ophthalmol Vis Sci, 49*:3126-3133.

[46] Li, Y., Xu, L., Jonas, J. B., Yang, H., Ma, Y., Li, J. (2006). Prevalence of age-related maculopathy in the adult population in China: the Beijing eye study. *Am J Ophthalmol, 142*:788-793.

大陸和臺灣這三地區的黃斑部退化差異的原因。[47]黃斑部退化危險因子，除了年齡和基因外，抽菸是一致被公認最重要的危險因子。[48]但是北京和石牌的研究，都無法找出抽煙和黃斑部退化的相關，須再觀察長期追蹤的發生率，才能釐清抽煙和華人得到黃斑部退化的關係。隨著臺灣地區老年人口比率逐年的增加，可預見老年性黃斑部病變會是影響老年人口視力健康的一大威脅，造成老年患者生活上極大的障礙。

老年性黃斑部病變的危險因子包括：（1）遺傳與家族史，（2）年齡，（3）抽煙，（4）紫外線的曝曬，（5）高血壓、動脈硬化，（6）飲食。[49,50,51]流行病學的研究顯示，其中飲食與老年性黃斑部病變最大關聯，但是對於是那一種脂肪酸則有不同的結論。有研究認為動脈硬化是心血管疾病與老年性黃斑部病變共同的危險因子，[52]而多元不飽和脂肪酸有助於降低心血管疾病，因此多攝取多元不飽和脂肪酸應該有助於預防老年性黃斑部病變。反之有些研究認為黃斑部本身容易受氧化刺激，因此攝取多元不飽和脂肪酸容易在黃斑部產生過氧化脂肪，除了造成黃斑部視網膜色素細胞的傷害，也會傷害脈絡膜血管的內皮細胞，因而引起粥狀硬

[47] Chen, S. J., Cheng, C. Y., Peng, K. L., et al. (2008). Prevalence and associated risk factors of age-related macular degeneration in an elderly Chinese population in Taiwan: the Shihpai Eye Study. *Invest Ophthalmol Vis Sci, 49*:3126-3133.

[48] Klein, R., Peto, T., Bird, A., Vannewkirk, M. R. (2004). The epidemiology of age-related macular degeneration. *Am J Ophthalmol, 137*:486-495.

[49] Klaver, C. C., Wolfs, R. C., Assink, J. J., et al., (1998). Genetic risk of age-related maculopathy. Population-based familial aggregation study. *Arch Ophthalmol, 116*:1646-1651.

[50] Klein, R. (2002). Ten -year incidence and progression of age-related maculopathy: The Beaver Dam eye study. *Opthalmology, 109*: 1767-1779.

[51] Smith, W. (1996). Smoking and age-related maculopathy: The Blue Mountain Eye Study. *Arch Ophthalmol, 114*:518-523.

[52] Klein, R. (1993). Prevalence of age-related maculopathy: The Beaver Dam Eye Study. *Ophthalmology, 99*: 933-943.

化，導致脈絡膜血管循環不良，進而誘發形成脈絡膜新生血管。[53,54]

老年性黃斑部病變預防的方法，目前以服用維他命 C、E 和鋅為主。建議老年人定期作散瞳眼底檢查或照相，早日就診和治療，是減少這些眼疾損傷的不二法門。

三、糖尿病視網膜病變（Diabetic Retinopathy）

糖尿病視網膜病變是造成中年成人，尤其是正值工作年齡成人失明的主要原因，每年臺灣因為糖尿病而失明的大約有一千多人，這背後影的是一千多個家庭，導致社會經濟上很大的負擔。[55]第二型糖尿病人，無論糖尿病發生的時間長久，罹患視網膜病變的盛行率是 40%；而罹患黃斑部水腫、增殖型視網膜病變的盛行率是 8%。[56]如果被診斷有第二型糖尿病時而沒有視網膜病變的人，其每年新發生視網膜病變的機會是 5〜10%；而罹患糖尿病視網膜病變的危險因子，包括糖尿病發生的時間長久、高血壓，以及高血脂，因此在預防上也是以控制血糖、血壓和血脂為主。[57]

---

[53] Tamai, K., Spaide, R. F., Ellis, E., et al., (2002). Lipid hydroperoxide stimulates subretinal choroidal neovascularization in the rabbit. *Exp Eye Res,74*:301-308.

[54] Higa, A., Nakanioshi-Ueda, T., Arai, Y., Tsuchiya, T., et al., (2002). Lipid hydroperoxide induce corneal neovascularization in hyperglycemic rabbits. *Curr Eye Res, 25*:49-53.

[55] 陳智帆、陳立仁：〈糖尿病視網膜病變〉，《社團法人中華民國糖尿衛教學會》9（2013），頁 13-21。

[56] Kempen, J. H., O'Colmain, B. J., Leske, M. C., et al. (2004). The prevalence of diabetic retinopathy among adults in the United States. *Arch Ophthalmol, 122*:552-563.

[57] Mohamed, Q., Gillies, M. C., Wang, T. Y. (2007). Management of diabetic retinopathy: a systematic review. *Jama, 298*:906-912.

　　在臺灣，糖尿病的盛行率是 4.9～9.2%，[58]而糖尿病視網膜病變的盛行率為 15～45%。[59,60]發生率為每年 4.8～6.6%。[61]由於糖尿病視網膜病變的進展大多是循序漸進，逐漸加重，早期也沒有什麼症狀，再加上適時的雷射治療可以有效的降低失明的危險，因此，如何及早發現視網膜病變，是一個很重要的課題。目前在臺灣，糖尿病人僅有一半會接受眼科的檢查和照顧，[62]包括糖尿病護照、糖尿病照護網的推廣、眼科醫師的散瞳眼底檢查，免散瞳眼數位照像。研究雖然推估從沒有病變進展到失明約需 26.5 年的時間，[63]但是相較於沒有接受篩選的病人，每年篩選一次，可以降低失明的發生達 94.4%，如果延長至兩年一次，或是四年一次，則減少失明的發生，效果就比較差，分別是 83.9%和 57.2%。[64]因此，

---

[58] Chang, C., Lu, F., Yang, Y. C., et al. (2000). Epidemiologic study of type 2 diabetes in Taiwan. *Diabetes Res Clin Pract 50 Suppl, 2*: S49-59.

[59] Chen, M. S., Kao, C. S., Chang, C. J., et al. (1992). Prevalence and risk factors of diabetic retinopathy among noninsulin-dependent diabetic subjects. *Am J Ophthalmol, 114*:723-730.

[60] Tung, T. H., Chen, S. J., Liu, J. H., et al. (2005). A community -based follow-up study on diabetic retinopathy among type 2 diabetics in Kinmen. *Eur J Epidemiol, 20:*317-323.

[61] Chen, M. S., Kao, C. S., Fu, C. C., Chen, C. J., Tai, T. Y. (1995). Incidence and progression of diabetic retinopathy among non-insulin-dependent diabetic subjects: a 4-year follow-up. *Int J Epidemiol, 24*:787-795.

[62] Tung, T. H., Shih, H. C., Chen, S. J., Chou, P., Liu, C. M., Liu, J. H. (2008). Economic evaluation of screening for diabetic retinopathy among Chinese types diabetic: a community-based study in Kinmen, Taiwan. *J Epidemiol 2008, 18*:225-233.

[63] Tung, T. H., Chen, S. J, Shin, H. C., et al. (2006). Assessing the natural course of diabetic retinopathy: a population-based study in Kinmen, Taiwan. *Ophthalmic Epidemiol, 13*:327-333.

[64] Tung, T. H., Chen, S. J, Shin, H. C., et al. (2006). Assessing the natural course of diabetic retinopathy: a population-based study in Kinmen, Taiwan. *Ophthalmic Epidemiol, 13*:327-333.

每年篩選一次的時間表，是最符合經濟效益，最節省社會成本。[65]

四、青光眼（Glaucoma）

青光眼是由於眼球內壓力過大，造成視神經盤萎縮、視野受損的疾病。慢性青光眼初期通常沒有明顯症狀，除非眼壓突然升得很高，引起疼痛與視力模糊，否則初期青光眼患者的眼壓並不會上升得很高，所以很容易被忽視。再加上一般民眾對青光眼的危害認識不足，等發現眼部不適而就醫時，往往錯過最好的治療時機，視神經已經受損而造成視野缺損。青光眼對於病人的生活品質影響，不僅只是視力受損所造成的各種不便，還包括心理的衝擊，以及治療所需的花費與產生的副作用等。大多數的青光眼病人是需要長期甚至終身治療，因此，青光眼是一個不可忽視的疾病。

亞洲地區青光眼流行病學的研究顯示，青光眼好發於 40 歲以上的中老年人，且盛行率與年齡呈現正相關。[66]由於近年來人口老化日益嚴重，青光眼的盛行率有逐年上升的趨勢，在臺灣地區，從健保資料庫進行之青光眼流行病學研究，民國 88～102 年（1999AD～2003AD）的總盛行率為 0.63%，[67]而民國 93～97 年（2004AD～2008AD）的青光眼盛行率，呈逐年上升的趨勢，5 年平均總盛行率達到 0.72%。[68]另外，研究也指出

---

[65] Tung, T. H., Shih, H. C., Chen, S. J., Chou, P., Liu, C. M. & Liu, J. H. (2008). Economic evaluation of screening for diabetic retinopathy among Chinese types diabetic: a community-based study in Kinmen, Taiwan. *J Epidemiol, 18*:225-233.

[66] Suzuki, Y., Yamamoto, T., Araie, M., Iwase, A., Tomidokoro, A., et al. (2008).[Tajimi Study review]. *Nippon Ganka Gakkai Zasshi, 112(12)*:1039-1058.

[67] 楊佳靜：《青光眼量性預防醫學與成本效益評估》（台北：臺灣大學博士論文，2008）。

[68] 陳怡菁：《台灣青光眼盛行率及青光眼局部眼用製劑之處方趨勢研究》（高雄：高雄醫學大學藥學系碩士在職專班士論文，2011）。

高度都市化的地區，青光眼被診斷的機會比低度都市化地區高，[69]而青光眼也是臺北市市民致盲的首要病因。[70]由此可知，都市化程度對青光眼的診斷及流行病學是有相關性。

高眼壓是青光眼非常重要的危險因子，[71]許多臨床試驗結果顯示，降低眼壓能減緩青光眼的發病及惡化，是目前最可靠的青光眼治療方式。治療的主要目標是藉由維持視力，以改善生活品質。[72]因此40歲以上的成人，尤其是擁有青光眼家族史的民眾、高度近視患者，要定期接受眼睛檢查，以便早期發現、早期治療，避免失明。在臺灣，急性青光眼患者相當常見，尤其是中年以上的婦女，每年定期的眼科和眼壓檢查是必要的，因為這類患者在急性青光眼的症狀未出現之前，可以用雷射施以預防性的虹膜造口術，進而降低患者因急性青光眼而失明的可能性。

五、白內障（Cataract）

白內障分為先天性與後天性兩大類，先天性者很多是遺傳的，有些則是與母親懷孕初期的感染如德國麻疹有關。後天性白內障原因很多，如眼睛外傷、全身性疾病（糖尿病、甲狀腺疾病）、或是眼睛內其他疾病繼發引起（虹彩炎、青光眼）。[73]值得注意的是藥物中毒引起，如類固醇

---

69 楊佳靜：《青光眼量性預防醫學與成本效益評估》（台北：臺灣大學博士論文，2008）。

70 Tsai, I. L., Woung, L. C., Tsai, C. Y., Kuo, L. L., Liu, S. W., Lin, S. & Wang, I. J. (2008). Trends in blind and low vision registrations in Taipei City. *Eur J Ophthalmol, 18*(1):118-124.

71 Kown, Y. H., Fingert, J. H., Kuehn, M. H. & Alward, W. L. (2009). Primary open-angle glaucoma. *N Engl J Med, 360*(11): 113-1124.

72 Golberg, I., Clement, C. I., Chiang, T. H., Walt, J. G., Lee, L. J., Graham, S. & Healey, P. R. (2009). Assessing quality of life in patients with glaucoma using the Glaucoma Quality of Life-15 (GQL-15) questionnaire. *J Glaucoma, 18*(1):6-12.

73 行政院衛生署全民健康保險爭議審議委員會：〈白內障手術治療〉，《台灣醫

不論是全身或是局部高劑量長期使用，都有可能引起白內障。[74]老年性白內障是最常見的一種白內障，隨著年齡的增加，四、五十歲後，水晶體會慢慢發生硬化、混濁，而漸漸造成視力的障礙。白內障早期的症狀可能有視力模糊、色調改變、怕光、眼前黑點、複視、晶體性近視等，晚期症狀則為視力障礙日漸嚴重，最後只能在眼前辨別手指或僅剩下光覺。[75]

　　根據台灣眼疾流行病學研究，65 歲以上老年人的白內障盛行率約為60%，但少數病例在 45～50 歲左右就可能生，研究指出 50 歲以上國人白內障罹患率為 60%，60 歲以上增加至 80%，70 歲以上更高達 90%。[76]國人平均壽命延長與生活水準提高與要求，白內障所造成的視力障礙日益受到重視。

　　白內障是中老年人常見的眼疾，但是近年來眼科門診中，白內障患者年齡已經下降到 30、40 歲，主要與近視有很關聯性，而近視又與長時間近距離使用平板電腦、智慧型手機相關，目前已有相關研究證實二者之間有正相關。[77]在流行病學上的研究與臨床的觀察，白內障的形成與日照長短有關，紫外線是伴隨在陽光中，暴露在陽光下，罹患皮膚癌與白內障的機率是有相關性的，尤其是居住在靠近赤道地區、日照量大地區，且戶外活動頻繁的人，罹患白內障的機率比一般人高。[78]罹患白內障和都

學》8.3（2001），頁 382-384。

[74] 洪伯廷：〈認識白內障〉，《健康世界》23（1977），頁 16-18。

[75] 行政院衛生署全民健康保險爭議審議委員會：〈白內障手術治療〉，《台灣醫學》8.3（2004），頁 382-384。

[76] 行政院衛生署全民健康保險爭議審議委員會：〈白內障手術治療〉，《台灣醫學》8.3（2001），頁 382-384。

[77] 黃奕修：〈30 歲起，小心 4 種眼精病已經找上你〉，良醫健康網，上網日期：2016，12，05。http://health.businessweekly.com.tw/Default.aspx

[78] Seymour Zigman, Manuel Datiles & Elise Torczyndki (1979). Sunlight and human

市化程度也呈正相關，根據衛福部公告之門診白內障病人統計，依戶籍分類，北區 43.72%，中區 22.92%，南區 30.88%，東區 2.34%，其中台北市占北區之最（15.11%），中區為台中市（9.66%），南區為高雄市（12.93%），東區為花蓮市（1.35%），[79]由數據顯示罹患老年性白內障之病人多為都市化程度較高之縣市。

目前國內職業病診斷認定參考指引中提到，工作場所紫外線、紅外線和大劑量游離輻射線暴露均可能是造成白內障。[80]鋼鐵工廠或吹玻璃工廠可見紅外線，紅外線的波長從 700nm～1mm 之間，水晶體和玻璃體會吸收 3900～1400nm 的光線，造成水晶體前囊變性剝落或後側皮質產生混濁。游離輻射主要造成水晶後囊下方混濁，當情況加重時也會影響到水晶體皮質。近年研究指出長期暴露於低劑量游離輻射也會造成白內障，因此放射師罹患白內障的相對危險性較高。

預防白內障形成，應避免吸菸、嚴格控制血糖；戶外工作者應配戴防紫外線的太陽眼鏡，若工作或環境中有異物飛濺（如木屑、鐵屑）或有焊接行為，應配戴具防護能力之護具或護目鏡。白內障的治療以手術為主，因為患者無法藉由鏡片加以矯正。白內障手術後可能造成青光眼、角膜水腫、葡萄膜炎、前房出血、玻璃體出血，視網膜剝離等併發症，是值得患者注意。

---

cataracts. *ARVO Journal,18*(5): 462-467.

[79] 衛生福利部中央健保署（2015）門診患者人數統計-按戶籍縣市別分。上網日期：2016，10，13。http://www.mohw.gov.tw/CHT/DOS/Statistic.aspx?f_list no=312&fod list no=64

[80] 勞動部職業安全衛生署（2016）《職業性白內障認定參考指引》。上網日期：2016，11，13。http://www.tmsc.tw/ODOC/a1480670241.pdf.

第四節　臺灣按摩相關產業

一、按摩的淵源

　　按摩是透過按、摩、推、拿、揉、捏等各種手法，以達到疏通經絡、宣通氣血、調和陰陽的目的。這種簡易的外治法，源於原始社會，至隋唐時期，按摩與大小方脈、針灸等學科一樣，作為醫學分科之一，唐太醫署設有按摩博士，掌按摩導引之法，並傳授正骨之術。宋代的醫籍較少按摩的著述，明代以後按摩改稱為「推拿」。明代初期和中期的按摩療法應於內婦兒各科，且以成人病證為主，明‧隆慶五年，按摩、祝由二科被取消後，按摩手法治療範圍，則從過去的各科通治，慢慢萎縮到局限於正骨科。

　　《黃帝內經》對按摩理論有所闡發，《素問‧異法方宜論》：「中央者，其地平以濕，天地所以生萬物以眾。其民食雜而不勞，故其病多痿厥寒熱，其治宜導引按蹻，故導引按蹻者，亦從中央出也。」[81]從人與自然環境的關係，說明按摩出自我國的中央地區。《黃帝內經》也列舉用按摩治療的病症與治療的效果，「按之則血氣散，故按之痛止」「按之則益氣至，熱氣至則痛止」、《史記‧扁鵲倉公列傳》：「上古之時，醫有俞跗，治病不以湯藥醴灑；鑱石撟引，案扤毒熨，一撥而見病之應；因五臟之輸，乃割皮解肌，訣脈結筋，搦腦髓，揲荒爪幕……。」[82]其中撟引、案扤、揲荒爪幕等句，都有按摩推拿之義。

　　隋唐時期，按摩在醫療上得到廣泛的應用，《唐六典》記載，按摩可除「八疾」風、寒、暑、濕、饑、飽、勞、逸，又說「凡人肢節、臟腑

---

[81] 〔清〕張隱庵：《中國醫學大成（一）黃帝內經素問集註》（台北牛頓出版股份有限公司，1990），卷2卷下，頁12。

[82] 段逸山主編：《醫古文》（台北：知音出版社，1993），頁38。

積而疾生，宜導而宣之，使內疾不留，外疾不入」。太醫署中設按摩博士、按摩師、按摩工，並明文規定按摩博士以「消息導引之法」傳授按摩術。導引按摩療法廣泛的應用於內、外、婦、兒各科的預防與治療，另外也應用於養生美容、美髮固齒等，例如《諸病源候論》引用的《養生方》、《養生導引法》等作為防治疾病的方法，是該書的一個特色。唐代孫思邈《千金要方》和王燾《外臺秘要》也都引用了《諸病源候論》的內容。孫思邈在他的著作《千金要方》中除了記載「黃帝內視法」、「調氣法」之外，在卷二十七〈養性〉提倡導引按摩，認為：「小有不好，即按摩按捺，令百節通利，瀉其邪氣。」還紀錄了當時中國道教「老子按摩法」和印度的「天竺國按摩」。這一時期的導引按摩術大多是自身完成，和近代按摩由按摩醫生、按摩師所作有很大的不同。隋唐時期，行氣、調意念、調呼吸防治疾病的方法，被歸屬於養生導引法，而通過自身的運動與按摩以防治疾病的方法，也歸屬於養生導引法，二者有時是分開應用，有時是結合運用，但是當時並不用「按摩」一詞，而是歸屬於養生導引法。[83]

　　宋金元時期，因政府醫療機構不再設立按摩科，使得按摩學發展緩慢。但是因為印刷術的進步，而匯集刊行了大量的前代按摩資料，並廣泛地流行於民間。[84]如《太平聖惠方》記載用「膏摩法」治療小兒病證，《聖濟總錄》把導引、按摩術列為專章加以論述，記載按摩具有「斡旋氣機，周流榮衛，宣搖百關，疏通凝滯」的作用；張杲所著《醫說》中除了收藏一般按摩術外，並把它引用於傷科治療中；龐安時也首次把按摩術用於婦女難產並獲得預期的效果。直到元代，按摩科被列入十三科中，按摩術才又逐漸被重視，《世醫得效方》對腰痛、息積、翻胃、齒病

83　周至：〈談隋唐時期的導引按摩〉，《按摩與導引》19.3（2003），頁 5-6。
84　江青波：〈中國推拿學簡史〉，《遼寧中醫》9（1965），頁 9。

等病均用按摩方法，同時該書全部轉錄《備急千金要方》中的按摩養生術。張從正《儒門事親》中，認為按摩具有汗、吐、下三法的作用，把按摩術與中醫治則聯繫起來。

明代初期，太醫院繼承元代體制，也設有按摩科，按摩療法應於內婦兒各科，且以成人病證為主，其特點是按摩術與導引相結合，形成養生學體系。例如朱權《活人心法》除了收錄仙術修養術、導引術外，增加了摩腎、按夾脊、叩背、按腹等手法。《遵生八箋》、《古今養生錄》也仿此發行，徐春甫《古今醫統》除載有多種病證的導引按摩療法外，並與中醫宣通壅滯的醫理聯繫，使其應用更加廣泛。明·隆慶五年（1571AD），由於太醫院從十三科減為十一科，按摩、祝由二科被取消。使得按摩的對象轉向幼兒，按摩手法廣泛應用於小兒疾病，為與成人按摩區別，按摩改稱為「推拿」，是一種不得已的變通方法，此時也出現大量的兒科按摩文獻，如龔廷賢《小兒拿活嬰全書》、龔居中《幼科百效全書》、周于蕃《小兒推拿仙術秘訣》等，甚至在楊繼洲《針灸大成》也收錄了陳氏《小兒按摩經》[85]。

明代「隆慶之變」取消按摩科，探究其原因主要有二：（一）手法的意外：受限於當時醫療水準，手法操作的準確性、操作人員的素質等，對按摩的療效也有負面影響，明·張介賓《類經·卷十九》中記載：

> 今見按摩之流，不知利害，專用剛強手法，極力困人，開人關節，走人元氣，莫此為甚，病者亦以謂法所當然，即有不堪，勉強忍受，多強者弱，弱者不起，非惟不能去病，而適以增害。用若輩者，不可不慎。[86]

---

85 〔明〕楊繼洲：《針灸大成》（北京：中醫古籍，1998），卷十保嬰神術。
86 〔明〕張介賓：《張氏類經》（台北：新文豐，1976），頁 169。

手法誤治、按摩意外等現象，給按摩帶來負面的社會形象。（二）封建禮教對手法醫學的束縛：按摩的特點是直接作用於人體肌膚，封建制度下，「男女授受不親」的訓誡、「身體髮膚，受之父母，不敢毀傷」的律條，都是按摩被取消的因素。隆慶之變也導致手法醫療的退步，應用範圍特別重視骨傷科，而輕內婦科，適應症範圍越來越小，內婦雜病的推拿治療未受到應有的重視。手法名稱繁多，有以手法形態、手法療效命名，其中同法異名或同名異法的現象也不在少數。[87]尤其是借用針灸理論，從明代《針灸大成》的「以指代針」開始，補瀉迎隨就是借用針灸的理論，很難展現推拿的特殊性。

　　清代，按摩術仍沿襲著明末的方向發展，兒科按摩的著作不斷的出現。[88]如熊應雄的《小兒推拿廣意》、駱潛庵的《幼科推拿秘術》、夏雲集的《保赤推拿法》、張振的《釐正按摩要術》等。其中《小兒推拿廣意》的流傳較廣，《釐正按摩要術》是對明代《小兒推拿秘》的進一步「釐正」而成，不僅在內容上有所增補，而且條理清晰，從診斷到手法都做系統的整理。清代按摩術的另一特點，是把按摩手法擴大到正骨的治療，形成所謂的「正骨八法」，使按摩術在正骨治療中發揮重要的作用。清代休閑性質的按摩已成風氣，按摩流落於沐浴理髮業，在民間尋求生機。[89]甚至淪落到「知醫者略而不求，而婦人女子藉為啖飯地也」[90]的地步。

87　張瑞明：〈關於按摩手法分類及有關問題探討〉，《按摩與導引》20.1（2004），頁 6-7。

88　常存庫、吳鴻洲、和中凌等：《中國醫學史》（北京：中國中醫藥出版社，2003），頁 126。

89　趙毅：〈按摩科隆慶之變的歷史教訓及反思〉，《上海中醫藥大學學報》21.5（2007），頁 26-28。

90　〔清〕 張振鋆：《釐正按摩術》（台北：武陵，1991），頁 6，陳桂馨序。

二、臺灣的民俗調理業

> 健康照顧體系是人們在當地的文化社會體系當中，對於疾病
> 如何反應、了解、標籤、解釋，以及對待的結果和條件。其
> 中包括民眾的信仰及行為模式，而這些信仰以及行為就是由
> 文化規則所決定的。[91]

在醫學技術發達的今日，民俗療法作為一種文化現象，不論表現的型式有多少不同，內在的觀念架構卻是類似的。民眾的心中常依照風俗習慣將病痛分類，例如筋骨扭傷要找跌打損傷的拳頭師、感冒急症要找西醫等，對於西醫不能根治處理的病症，例如癌症、糖尿病就會找各式各樣的民俗療法。中西醫與民間傳統醫療並存，人們求助的理由是相同的：「希望能讓自己目前的狀態能更好」。

民俗醫療對於民眾為什麼生病的解釋，一直都兼採儒、佛、道混合而成，其中更融合了漢人對於身體的概念，也就是「陰陽五行」相互均衡與和諧就是最理想的健康狀態。「民俗療法」可以說是民眾長期與疾病、命運不斷交戰下累積而來的智慧結晶，並從中建構出保健養生方法、醫療觀念及改運儀式等，在專業醫療之外，結合固有文化，民間自行發展並存有的助人方式。[92]因此，民俗療法通常是解決醫治病人在醫學極限上的需求，最起碼必須達到預防的效果，使病人能得到某種程度的安置。

民國 56 年（1967AD）醫師法修正施行後，物理治療師進入醫療體系，朝向專業化及醫療化發展，不僅影響視障按摩業，同時也影響按摩

---

[91] Arthur Kleinman (1980, pp26). 1975 Medical and Psychiatric Anthropology and the study of Traditional forms of medicine in modern Chinese culture. Bulletin of the institute of Ethnology Academia Sinica 39:107-123.

[92] 蘇燦煮、鄧素文、楊雅玲：〈接受生殖科技治療姨女面對療失敗之經驗感受與調適行為〉，《護理研究》3.2（1995），頁 127-137。

相關行業，尤其是民俗療法。雖然現在有許多民俗療法或推拿的工會與協會，發出相當多的會員證書與研習證書，但是從臺灣光復迄今，政府並沒有發給從事推拿人員所謂的「中醫推拿師證照」。如果號稱有照營業，可能是某某工會或是某某協會所發給的會員證書，並無法律效力。會員證書或研習證書只能代表自己曾經學習過，或者學習至某一階段，而不是代表可以合法用來執業。

民國 69 年（1980AD）《殘障福利法》制定時，將視障按摩保留規定於第 18 條規定：「非本法所稱視覺殘障者，不得從事按摩業。但醫護人員以按摩為病患治療者，不在此限。」民國 82 年（1993AD）11 月 19 日衛署醫字第 82075656 號函，將接骨以外之民俗療法公告為不列入醫療管理之行為，主要是因應相關業者所作之抗爭的折衝，雖然沒有給予像國術損傷接骨技術員那樣能從事醫療行為之正式法律地位，但其執業行為也不當作是密醫行為，而以醫師法加以處罰。不列入醫療管理行為及相關事項：

> 一、未涉及接骨或交付內服藥品，而以傳統之推拿手法，或使用民間習用之外敷膏藥、外敷生草藥與藥洗，對運動跌打損傷所為之處置行為。二、未使用儀器，未交付或使用藥品，或未有侵入性，而以傳統習用方式，對人體疾病所為之處置行為，如藉按摩、指壓、刮痧、腳底按摩、收驚、神佛、香灰、拔罐、氣功與內功之功術等方式，對人體疾病所為之處置行為。[93]

綜合上述，民俗療法可分為以下幾類：（一）保健外功療法：例如武術、太極拳等。（二）生理內功療法：例如氣功、道教丹功、禪功、法輪

---

[93] 參衛署醫字第 82075656 號函。

功等。（三）食物與秘方療法：強調食物的養生與醫療，例如：靈芝。而秘方大都是善心人士因自己的親身體驗，大為推薦而流傳的醫療方法。例如華陀果菜秘方、尿療法。（四）巫術與神明療法：如乩童、先生媽、通靈法師、收驚、隔空抓藥等，經由與神明接觸而達到治病目的。（五）神算與命理療法：占卜、風水、相術等。另外，近年來以健康、使身體回歸自然為主，如水療、芳香療法等，雖然尚未被學者歸類，但基本上也不離民俗療法的範圍。

　　以上不列入醫療管理之行為，除標示其項目外，依醫師法第 59 條規定，不得為醫療廣告。由於該法屬於人事命令，不是立法院通過的法律，所以民俗療法業者仍屬於無法可管，僅受到醫師法第 28 條的限制。非視障者從事按摩相關行業，只要不用「按摩」兩個字為店招，社政主管機關就認定其為非按摩業；而衛生單位則認為其為民俗療法，而不列入醫療管理。

　　衛生署在民國 93 年（2004AD）11 月 23 日衛署醫字第 0930043158 號函，將按摩與推拿加以區分：

> 按本署公告不列入醫療管理之傳統推拿手法、指壓及腳底按摩等，係對運動跌打損傷及人體疾病所為之處置之行為；身心障礙者保護法所稱按摩，則係針對健康人以體外之刺激而產生舒適感，以緩解疲勞為目的，爰此，腳底按摩及推拿等行為與身心障礙者保護法第三十七條第三項規定並無牴觸。[94]

衛生署建議以目的和服務對象作為區隔，例如傳統推拿手法、指壓、腳底按摩等，是對運動、跌打損傷及人體疾病所為之處置行為；《身心障礙

---

[94] 衛署醫字第 0930043158 號函。

者保護法》所稱之按摩，是針對健康人以體外之刺激而產生舒適感或以緩解疲勞為目的；美容瘦身業之執業範圍受衛生署「瘦身美容業管理規範」所限制，該規範所稱之瘦身美容是借手藝、機器、用具、用材、化妝品、實體等方式，為保持、改善身體、感官之健美，所實施之綜合指導、措施之非醫療行為，瘦身美容之手藝乃將化妝品經手塗抹於外在肌膚，故與視障按摩之手技並不相同，稽查時如發現未使用瘦身美容器材，卻有運用手技為消費者服務之事實者，即應以《身心障礙者權益保障法》第 98 條規定處罰之。

民國 99 年（2010AD）3 月 5 日監察院糾正衛生署：「82 年間將民俗調理行為不列入醫療管理行為所公告內容之文義有錯誤，多年來對於該等行為之安全及品質把關機制付之闕如，監督管理措施故步自封，確有違失。」[95]整個糾正案是在期許民俗療法仍須建立安全及品質把關機制，可能涉及的醫療行為更為謹慎的管理，而非僅放任其自律。傳統中醫學、針灸學、經絡理論、易筋整骨術、按摩推拿、氣功學等，歷千年而不衰，過去停留在哲學與理論基礎，或臨床療效的觀察，而近代科技之突飛猛進，透過實驗的研究，已使中國傳統學說成為一門實證的學問。民俗療法也應去蕪存菁，方能符合時代之需求，真正為人民的健康把關。

三、按摩相關產業

《按摩業管理規則》第 4 條明定：「按摩手技為：輕擦、揉捏、指壓、扣打、震顫、屈手、運動、壓迫及其他特殊手技」。除了視障按摩業外，推拿整復、足部反射按摩、指壓、美容美髮業者及物理治療師，都會運用到相關的手技。

---

[95] 院臺衛字第 0990022334 號，《監察院公報》2717（2010），頁 34-36。

(一) 國術館拳頭師

　　國術館是指我國體制下，由政府或民間私人所籌設，從事國術的教學、研究與發展或醫療之組織團體，市招牌寫有國術館或接骨所字樣者。臺灣早期農業社會武館尚未普及，只有富家子第才能習武學拳，聘請有名的拳頭師指導其子弟武藝，或前往武館拜師學藝。一般民眾只能利用農閒之餘，共同籌資請拳頭師前來村裏教授武術。而這些武師一方面擔心其武術失傳，又害怕外人偷學，最後演變成為家傳獨門絕學，代代相傳而延續下去。

　　早期醫療資源不足，國術館大多以跌打損傷、推拿、接骨及膏藥等傳統醫療為民眾服務，以治病為主，教拳授藝次之。拳頭師傅在習武過程中，大多採用正式拜師為主，其次是祖傳相授，並以口傳身授為其方式，以強身自衛和興趣為其習武的目的，很多會參加各種武陣，以獅陣最為普遍，而在拳套方面並無統一教材。[96]在知識與技術的傳承上，強調醫療技術實際操作的過程而累積經驗，以及師徒制的個人式學習。[97]

　　新《醫師法》修正公布後，讓已登記之國術損傷接骨員保留在醫療體系內，依中醫師指示從事國術損傷接骨整復，所以，國術館拳頭師傅也自我定位是中醫傷科。[98]國術館拳頭師傅須具備衛生署核發之接骨技術員執照方可執業，「國術損傷接骨技術員登記證」是依民國 64 年（1975AD）9 月 9 日行政院衛生署所發布之「國術損傷接骨技術管理辦法」第 4 條和第 6 條規定，向衛生署申請登記請領，並且憑該登記證向

---

[96] 蘇士博：〈臺灣地區國術館現況分析〉，《體育學報》16（1993），頁 165-182。

[97] 喻淑蘭：《醫療專業的變遷與互動-以中醫傷科醫師、國術館拳頭師傅與推拿技術員為例》（台北：國立台灣大學衛生政策與管理研究所碩士論文），頁 44。

[98] 喻淑蘭：《醫療專業的變遷與互動-以中醫傷科醫師、國術館拳頭師傅與推拿技術員為例》（台北：國立台灣大學衛生政策與管理研究所碩士論文），頁 51。

所在地政府繳驗、申請發給從業執照，並非經由國家考試及格認可發給之證照。但是衛生署於民國 94 年（2005AD）後已停發此證明。已登記的國術損傷接骨技術員死亡者，其最近親屬應於 10 日內向所在地衛生主管機關報告，並繳銷從業執照與登記證。換言之，親屬或徒弟只能傳承其技術，並不能傳承其從業執照與登記證，隨著拳頭師傅的凋零，國術損傷接骨技術員也走入歷史。

（二）中醫診所推拿師

傷科推拿也是中醫診療的項目之一，「傷科患者必須先由看診的中醫師診察並且先執行初步的推拿按蹻等手法診治，其後續的理筋按摩等手法得在醫師監督之下由助理為之。」但是目前臺灣各中醫院所傷科的治療模式，多數是聘請傷科助理幫忙推拿、理筋，甚至整脊、接骨，以因應看診時間與服務周道，一般民眾多能接受，醫師則淪為蓋圖章的保證人。[99]

中醫師希望聘請助理幫忙處理傷科病人，一方面可以增加服務項目又縮短看診時間，另一方面又擔心傷科助理沒有醫事人員證照而遭受衛生局取締。傷科助理的品德與技術更是無從評估。這種既無法割捨又不能完全親自掌控的醫療方式，是令人又愛又恨的醫療產業。

民國 93 年（2004AD）11 月 30 日衛生署舉辦「研商不列入醫療管理行為公告修訂事宜第二次會議記錄」決議第六項：「（1）「推拿手法」現已納入正規醫事學校養成教育課程中，未來朝向將傳統整復推拿手法納入醫療管理，統為醫療業務範疇，應由合法醫師資格者或合格醫事人員依醫囑執行之。（2）基於如上理由，取得合格醫事人員資格方為日後

---

[99] 高宗桂：〈台灣中醫推拿的源流與發展〉，《中華推拿與現代康復科學雜誌》2.1（2005），頁 1-6。

推拿生存之道。」

　　事實上，傷科助理的養成，放任由民間團體自行發展，沒有學習基礎醫學課程，只著重在手法工夫，學養程度容易參差不齊。理想的醫療制度與人才培育是教、考、用合一。對於中醫傷科助理資格，高等教育與職業認證成為未來的趨勢。中醫界各有看法，有主張不具醫事人員資格的推拿助理，鼓勵其進修高職護校在職班，以取得護士資格，就符合法律規範，並自然淘汰不具合格醫事資格人員。另外，護理師（士）、物理治療師（生）修習中醫相關學分五科十學分，且成績及格者，可在中醫醫療院所執行中醫傷科後續推拿手法。[100]另有主張設立「中醫推拿學系」並舉行中醫推拿人員專業證照考試，如此就能解決中醫傷科推拿人力的問題。[101]但是，醫事人員職系的新增設立並非容易的事，若中醫界團隊沒有共識，又將步入「運動醫學系」的後塵，有「教」而無「考、用」的情況，又培養出一批空有學歷與技術，而無醫事人員資格的人員。[102]更加造成教育資源與人才的浪費。

（三）腳底按摩

　　按摩足部，在《千金要方》、《華佗神醫秘傳》、《韓氏醫通》等醫籍中都有記載。明代「隆慶之變」按摩科被取消後，足部成為禁區，觸摸異性的足部更屬違背倫理的大忌，致使這一古法未能繼續發展成為獨立的療法或保健法。而日本的《按摩手引》繪有雙手指按湧泉、雙手分推足背等足部按摩圖；《按腹圖解》也有精美的雙人足部按摩圖。西方則在

---

[100] 黃蕙棻：〈中醫傷科後續推拿手法可交由物理治療師（生）執行之可行性評估〉，《中醫骨傷科醫學雜誌》8（2009），頁 15-23。

[101] 高宗桂、陳潮宗、陳旺全：〈中醫傷科輔助人員歷史考察與現代需求〉，《台灣中醫科學雜誌》10.1（2018），頁 38-45。

[102] 黃蕙棻：〈中醫傷科後續推拿手法可交由物理治療師（生）執行之可行性評估〉，《中醫骨傷科醫學雜誌》8（2009），頁 15-23。

19世紀借助於反射理論逐步形成了足部反射區按摩法（foot reflexology），影響遍及全球。腳底按摩是以按壓「反射區」來治療疾病。認為人體的雙足都有代表人體各組織器官和五臟六腑相對應的反射區，這些組織變異的部位就會有疼痛感，稱為壓痛反應。[103]在雙足相應的位置施以按、壓、揉等，就能調整各臟腑器官的生理功能，達到診斷治療勵病、及自我保的目的。實則是應用生物學全息學說，通過對這些位點的刺激，來達到調節和影響其他全息元或與本體全息對應部分的生理功能。[104]

臺灣地區「腳底按摩」風行則歸功於瑞士籍神父吳若石的推廣。八〇年代臺灣經濟起飛，生活富裕，人們開始重視養生觀念，吳神父以腳底按摩治癒自己長年的膝關節炎，並研究腳底按摩而有心得，替教會內有需要的教友按摩，以腳治病的方式，經過警察廣播電臺、中視等新聞媒體的報導造成轟動，民國 71 年（1982AD）在臺北成立「國際若石健康研究會」，吳神父應邀到各地舉辦腳底按摩的講習班，公開傳習給有興趣學習的人，這種「不吃藥、不打針」的自然療法，引起廣大迴響，足部健康法風靡臺灣各地。坊間以吳神父為名的腳底按摩中心比比皆是，腳底按摩器材也大發利市，有些團體甚至為了爭取他加入而不擇手段。他還是保持初心以推廣腳底按摩為己任，自在樸實的生活在台東長濱。吳神父說他不屬於任何單位，絕不受人束縛。[105]

吳神父足部健康法三個時期的論點有所不同，在最早發展期強調排毒為先，從腎臟反射區開始按摩。形成期認為大腦反射區是控制全身各系統的指揮中心，所以從頭部相對應的拇趾腹開始按摩。反射區數量由早期 59 個至形成期有 83 個，使用工具是靠指節或指腹按摩外，也使用

---

[103] 魯牧：《圖解足部按摩》（台北縣：協合文化，2002），頁 19-28。

[104] 吳若石、鄭英吉：《吳神父新足部健康法》（台北：文經社，2001），頁 38-39。

[105] 蘇嫻雅：〈吳神父的健康生活〉，《講義》20.3（1996），頁 79-80。

按摩棒。目前則是以區域連續性的按摩，來調整身體反應在足的各種病理訊息。[106]

有關足部按摩，有不同方法的研究與實驗，皆可測得可印證的實質效果。例如治療末期腎病患者疲憊、睡眠品質、焦慮及生活品質有顯著成效，可減少因疾病和治療過程引發之不適症狀，進而提升末期腎病患者的生活品質。[107]足部按摩對改善腦性麻痺兒童粗動作發展及疾病臨床表徵，吞嚥、咀嚼和流口水的改善，有顯著成效，可提供另一種居家自我復健方式參考。[108]應用於因女性荷爾蒙減少所造成的更年期症狀，如熱潮紅、夜間盜汗、睡眠障礙、疲憊等不舒適有所改善。[109]應用良導絡測試，適度的足底按摩可調整自律神經活性，疏通經絡，增進新陳代謝，可作為保健之科學參考依據。[110]

（四）日本指壓

指壓（SHIATSU）是日本發展出來的一門獨特的手技，日文的原意是：「用手指按壓」，是藉由手指與手掌來施壓在全身體表的特定部位，以促進體內原有的自然療癒功能，同時解除體內存有的疲勞素，而增進

---

[106] 林進登：《吳若石神父足部健康法在台灣發展之研究（1970-2005）》（台東：台東大學體育學系碩士論文，2005），頁 155-158。

[107] 賴寶琴：《足部按摩治療末期腎疾病患者之成效探討》（台北市：台北護理學院護理研究所碩士論文，2006）。

[108] 王淑冠、章美英、陳素秋、朱美綺、劉介宇：〈足反射區按摩對腦性麻痺學齡前兒童粗動作發展、吞嚥及咀嚼的成效探討〉，《中西醫結合護理雜誌》2（2012），頁 44-56。

[109] 譚彩鳳、陳志政：〈足部按摩改善眠品質-以更年期女性為例〉，《美容科技學刊》10.3（2013），頁 19-30。

[110] 吳文智、鄭建民、吳秋明、黃新作：〈足底按摩之整體生物能量分析〉，《高應科大體育學刊》10（2011），頁 143-153。

健康的一種物理療法。[111]

　　「指壓」源自中國的按摩，為按摩手法之一。它有別於西洋按摩的搓、揉、捏、敲打，而是透過按壓的手技調整人體生理結構，以喚醒內在的自然能量，以去除肌肉中的疲勞物質，使肌肉正常化，進而緩解緊張壓力所導致的各種疼痛，進而達到預防疾病並保持良好的康狀態。在日本，指壓的流派甚多，多與中醫理論相應，並加入西方的人體解剖理論，刺激穴點、放鬆肌肉，藉不同程度的壓法，因應身體狀況調整按壓的強度、次數、韻律與節奏。

　　1940 年在日本，浪越德治郎創立第一所指壓專門學校，並向海外推廣。民國 74 年（1985AD）3 月 24 日，「第四回指壓國際大會」在台北舉行，浪越指壓開始在台灣的播種。且於民國 75 年（1986AD）成立日本指壓協會台灣支部，並經日本亞東協會簽證認定。日本指壓協會會長浪越德治郎先生也親自蒞臨開幕式，由王陳美玉女士擔任支部長，在會員的推動下，於民國 83 年（1994AD）11 月 12 日成立中華民國指壓協會。[112]

（五）芳香療法

　　芳香療法是用植物的樹葉、花、樹皮、種子、根等粹取出來的精油，以直接吸入、按摩、沐浴或口服膠囊等方式，透過鼻黏膜、皮膚毛細孔及胃黏膜吸收等途逕進入人體，而達到全身各器官之療效。

　　隨著人口老化與退化性疾病的增加，預防醫學迅速被重視，強調身、心、靈健康的另類療法（CAM）也成為世界健康保健的潮流。西方已有

---

[111] 浪越徹：《完全圖解指壓療法》（台中：大坤書局，1996），頁 22。
[112] 中華民國指壓協會（2017）https://shiatsu265.blogspot.com/，上網日期：2017，05，08。

許多醫療人員開始用輔助醫療中的方法來治療其病患，也將它納入正規的醫療保險體制。[113]台灣是於八〇年代末才引進芳香療法，但是尚未在護理正規教育中授課，護理人員對其使用方式也較不熟悉，但是，國內仍有約 12%的社區區成人會自行使用芳香療法，[114]尤其是現代人處於生活工作壓力下，尋求舒解壓力及回歸自然的渴望，也愈來愈迫切。回顧民國 86～94 年（1997AD～2005AD）芳香療法相關文獻，經研究證實芳香療法對疾病及症狀之改善確實有其效果，在生理層面，可改善疼痛、搔癢症、失眠、便秘等情形；心理層面則能提升對抗壓力、焦慮、憂鬱、躁動、失智等狀況，以達身心的愉悅及放鬆。[115]南部某醫學中心採用精油按摩來減輕安寧病房之癌症病人的不適症狀，結果對於疼痛的改善有正面的影響。[116]美容業者更將芳香療法與按摩手技結合，對於疏解酸痛與壓力有明顯的效果，[117]可見芳療按摩在疏壓與減輕癌症病人化療後的疼痛上有一定的功效。但是，應用精油按摩在高強度運動所造成的局部腫脹、關節活動度下降，以及肌力減退與疲痛等現象（延遲性肌肉酸痛），則不具明顯的改善效果，[118]精油按摩對於抗發炎的反應則有待進一步的檢測。

---

[113] 鐘聿琳：〈護理人員對另類醫療應有的認識〉，《台灣醫學》5.3（2001），頁 343-347。

[114] 曾月霞：〈芳香療法於護理的應用〉，《護理雜誌》52.4（2005），頁 11-15。

[115] 黃宜純、劉波兒、鄭郁筠、王雪貞、吳慧君、邱婉婷、陳怡珊：〈芳香療法臨床運用文獻回顧（1997-2005）〉，《弘光學報》50（2007），頁 81-93。

[116] 李美英、呂素英、黃鳳玉：〈精油按摩之疼痛療效-以某醫學中心安寧病房為例〉，《榮總護理》25.1（2008），頁 53-59。

[117] 程苡榕：《芳療按摩手技與舒壓關係之研究》（樹德科技大學應用設計研究所碩士論文，2011）。

[118] 鄭伊甯：《芳香療法對改善延遲性肌肉酸痛的評估》（台中：國立中興七學運動與康管理研究所碩士論文，2012）。

（六）脊骨神經醫學（**Chiropractic**）

脊骨神經醫學（Chiropractic）又稱為脊椎手療法、脊骨神經矯治醫學、美式脊椎矯正學。是目前被 WHO 認可且廣為流行的一種自然療法。與中國醫學一樣，注重人體各器官、組織的相互關係，尋求一種維護、修復自然生理與物理平衡的方法，在整體平衡的狀況下，達到恢復健康的目的。但是，脊骨神經醫學的診斷與矯正手法是建立在脊椎解剖學、生物力學、X 光影像學的基礎上，因此被視為傳統自然醫學與現代醫學相結合的獨立學科。[119]

脊骨神經醫學強調：「建立一種『脊椎健康、一生守護』的意識，遠比脊椎出現問題再去治療，更顯得重要」，尤其是近年來人口老化、慢性病及意外事故增多，生活中的習慣動作，例如：長時間伏案工作、打電腦、搬運重物等，都會使脊椎的相關問題增加，輕者飽受脊椎病痛之苦，重則需要手術治療，甚至導致終身癱瘓。因此，主張把脊椎健康納入平日的保健內容，儘量使脊椎保持在理想狀態，不僅可以延緩脊椎退行性狀態，還可減少突發事件的傷害。

脊骨神經醫學的創始人帕爾墨（D. D. Palmar）認為無論外部的環境如何變化，人體始終保持在一種穩定的狀態，或在找尋平衡，這是脊椎矯正概念的基本思想。也就是尋找和解決發生在脊椎結構上的改變，而非早期醫師認為的「一種疾病對應一種病因和一種治療方法」。其理論主要是器官結構與功能相互影響的觀念，人體一切運動都以脊柱為基礎，隨著年齡的增長、職業上的習慣動作，勢必造成力學的影響，任何兩個椎體的移位，都會引起整條脊椎代償、適應性的上下兩端力學的變化，

---

119 郭明、董安立、劉芳齡：〈美式脊椎矯正學為脊椎疾病康復干預注入新的內容與活力〉，《中國組織工程研究與臨床康復》11.27（2007），頁 5411-5413。

而引發脊椎亞脫臼。針對人體脊椎功能異常，尤其是關節半脫位（subluxation）所造成的功能障礙，椎間盤脫出、椎間孔狹窄引起神經壓迫，甚至因過度神經刺激而造成肌肉萎縮。脊椎矯正試圖從調整單個椎體的位移著手，調整人體脊椎連帶的整體肌肉骨骼系統，同時調整連帶的神經系統、免疫系統，提高人體抗病能力，維持體內生理平衡，使身體恢復一種相對的穩定，進而使某些器官的功能障礙、組織病理改變，以及綜合症狀得到整體的康復。

第三章、日治時期（1895AD～1945AD）視障者的新行業按摩

　　日治時期的五十年間，臺灣殖民當局引進以西方思潮為基礎的生物學統治策略。充滿西方色彩的現代化過程影響了本島的文化、知識與制度的發展，同時也與既存的文化傳統產生對抗。按摩產業被引進臺灣，視障者從事此類型的工作，其中有英籍牧師甘為霖、日籍醫師木村謹吾家族的無私奉獻，加上日本官方的重視與支持，盲校的設立並且教授針、灸與按摩，以及考試制度與就業執照許可的規範，完整的教考用，才使得臺籍視障者加入針、灸、按摩的行業，並影響日後臺灣的按摩產業。

第一節　明治時期（1895AD～1911AD）臺灣的視障教育

　　殖民主義者經常是按照殖民母國的社會，來想像和建立殖民地應有的模樣。日治時期，由於日本國內將針灸與按摩業作為盲人「獨立自營」的生活手段而予以特別保護，因此，也將日本盲人傳統的三療引進臺灣，而成為臺籍盲人的新行業。

一、日本盲人的傳統產業

　　日本古代，稱自幼失明者為「盲人」，琵琶、箏曲、三絃、命卜等，是盲人主要的謀生方式，學習方式多為師徒相授。盲人中也有博學多聞之流，並不是從事上述行業，例如奈良時代的僧侶鑑真、平安時代的琵琶法師。[1]針灸、導引、按摩這些行業都由非殘障者經營，盲人較少。鎌倉時代的盲針按師明石覺一以針灸按摩術為醍醐天皇治療腦疾，是盲人從事針灸按摩業的最早記載。[2]

　　「當道」是室町時期至幕府時代公認的盲人團體組織，負責管理盲

---

[1] 中山太郎：《日本盲人史》（東京：成光館出版社，國立台中圖書館館；藏，1937），頁 3。
[2] 中山太郎：《日本盲人史》，頁 163。

人事務。江戶時代（1603AD～1867AD）由於幕府對於教化主義的重視，憐憫盲人的殘障，而有所謂的「當道」保護政策，其內容有：一、當道座是公認的自治組織。二、撿挍、勾當為公認的瞽官，可徵收官金、穀物。三、對官金、貸款的經營，有優先權與受保護。四、全國盲人都必須參加「當道座」這個組織，京都的職撿挍在江戶的物錄撿挍之下接受統一管轄。五、盲人免除所有的「租調」義務。所有盲人在撿挍的管理下，學習琵琶、箏曲、三絃等三種基本謀生技能，而智力聰明者則是學習針灸按摩為人治病。[3]盲人在此保護政策下，也能安居樂業，累積財富。

江戶時代針灸有三大流派，三者均為明眼人的操作方式。「吉田流」由吉田意休所創，他曾赴明朝學習針術，其手法是以打針與金針（捻針）為主；「意齋流」是由御園意齋所創，手法是以小鎚將金銀所製的針打入皮膚內，效果奇特而著名；「駿河流」由藤木駿河所創，手法也屬打針式。真正將針灸這一行業轉入盲人之手，使日本盲人能夠從事針灸業，杉山和一有很大的貢獻。

天和元年（1681AD）第五代幕府將軍德川綱吉頒佈「針術振興令」，杉山和一因為治癒德川綱吉的宿疾，於天和二年（1682AD）奉德川綱吉之命，在他的書塾裏面創辦「針治講習所」，是日本第一所針灸專門學校，以教授盲人學生為主。元錄 5 年（1692AD）杉山和一被德川綱吉舉任為第一代關東總錄撿挍，統轄全國盲人相關事物。他自創「管針術」，管針術的特點是刺針時用管子作為輔助工具，通過細管將針打入人體皮下，管針的發明不但使針術簡易化，方便盲人針師操作，同時也減輕患者在刺針時的痛苦。杉山和一親自編撰教材推廣管針和管針術，使針灸教育組織化、正規化，使其針術大為流傳，而有「杉山流」之稱，並且與打

3　中山太郎：《日本盲人史》，頁 251-253。

針術、捻針術並稱三大流派。[4]山杉和一於元錄七年（1694AD）去逝之後，他的門人第二任檢校島安一，擴大了辦學規模並且廣招學生，在日本各地設有四十五所講堂，所以「杉山流」的針術傳遍日本全國，對因戰亂而衰退的針灸醫學的復興有很大的推動作用。

日本的盲人點字是在明治 3 年（1890AD）才發明，江戶時代並沒有點字，當時受社會封建階級性的限制，盲人子弟根據其出身、身份、階級的不同可選擇的教育機構和老師也大不相同。能進入江戶杉山流針按講習所學習高級針按學的學生，都來自於上層社會，並要支付非常昂貴的學費。其次，還可以選擇京都的杉山流的針術或賀川流的按摩術。至於家境不富裕的下層貧窮盲人，只有在年紀很大，並有一定經濟基礎之後，才有學習的機會。杉山和一將針按業移交到盲人手中，並且在幕藩制社會的保護下，將它發展成為盲人賴以維生的方式。同時政府倡導盲人要能「獨立自營」，也就是以自己的勞動生活，僅靠一個人的力量，努力完成一切社會生活。在這樣的社會背景下，幕府末期，針按業在盲人中更加普及，並且逐漸從貴族向中下層盲人滲透，成為他們維持生活的主要途徑。江戶時代的按摩類書籍描述了這種情況：「現在從事此業者，非聾即盲，皆破產失業之徒，不能糊口之農商，急求錢之所為」、「現世為此技者，多為盲人寡婦或流落家貧學醫生輩，以此技糊口」。從事按摩業者多為生活困苦的下層人士，他們難以接受相關教育，從業目的也僅為糊口，很難要求他們去專研學問，推動學術發展。只能說針灸與按摩只是一項盲人賴以生存的技術。

明治時期，針按業仍然作為盲人「獨立自營」的生活手段而予以特別保護。視覺障礙者教育機關雖然並不都是與針灸、按摩指定學校合為

---

4 中山太郎：《日本盲人史》，頁 310-312。

一體，但是盲人教育中針治、按摩業仍然佔有非常重要的位置。從明治
36 年（1903AD）東京盲啞學校的 67 位畢業生去向統計（表 3.1）與明治
44 年（1911AD）內務省統計，14,997 位身體健全自營生計的盲生之職業
（表 3.2），可以很明顯的看出，視障者所從事的職業中，傳統針按業者
占絕大多數。

表 3.1、明治 36 年（1903AD）東京盲啞學校的畢業生去向統計[5]

業別	針按營業	訓盲教員	醫院按摩師	琴師琴匠	其他
人數	24	8	7	7	21

表 3.2、明治 44 年（1911AD）內務省統計盲生情形[6]

業別	歌舞音曲	按摩（敲背）	講談業
人數	3,981	5,575	5,441

二、甘為霖牧師與「青盲學」

甘為霖（Dr. William Camphall，1841-1921）在自由教會神學院格拉
斯哥分校（free church college, Glasgow）完成神學課程之後，於 1871 年
6 月取得當地中會的特許，7 月 19 日在戴維森牧師（Rev. Dr. Thain
Davidson）所帶領的愛靈頓教會中，倫敦中會莊嚴的敕封他為海外宣教
師，宣教的地點是臺灣府，也就是當時福爾摩沙的首府。[7]他形容當時的
臺灣府是急需進行都市改造計劃的地方，整體而言，街道是既狹窄又曲
折，不僅路面崎嶇不平，而且還瀰漫著異味，沿途中幾乎每樣事物都引
起外來遊客的注意。路邊的乞丐相當悲慘，其中很多人都患了癩瘋病，
他們坐在路邊，就像在工作一樣，露出身上的潰瘍，盡最大的能力來激

---

[5] 東京府：〈東京盲啞學校畢業室〉，《婦人和小孩》316（1903.6），頁 70。

[6] 〈盲人統計〉《臺灣日日新報》1911 年 5 月 23 日。亞鉛歐鐵。

[7] 甘為霖著，林弘宣、許雅琦、陳珮馨譯：《素描福爾摩沙：甘為霖臺灣筆記》，
（臺北：前衛，2009），頁 1-8。

發鄉人憐憫。走在路上常常可以遇到一副可憐虛弱模樣的佛教和尚，比起曾造訪過的其他中國城市，在臺灣府似乎更常見到讀書人，他們總是穿著藍色長袍，大模大樣的走著走著，在自傲中也流露出對外國人士的敵意。[8]他形容島上的教師遍布，但官員對他們不聞不問。這些教師不僅在教學技巧上不得要領，甚至缺乏教導一些簡單的科目，如算數、地理的能力，這對於求學的孩子們是相當不利的。學生們甚至會參與一些偶像崇拜的儀式，這對信仰基督的年青人來說，根本不可能讚同。想當然爾，在當時非教會人士的心中，壓根兒沒有女子學校的概念。[9]

甘為霖認為西方教會在東方的宣教努力，必須採取慈悲且實際的方式。教會附設的醫院，無疑是一處恩賜滿盈的泉源，但它卻影響不到醫院外的廣大地區，在那裏痲瘋病人、盲人、畸型人和精神病患隨處可見，還有數以百萬計的健康孩童，正因為貧困和忽視而走向死亡。溫旺（Un Ong）被挖去雙眼的事件是甘為霖回英國募款時常提及的事件，當時臺灣人失明的主因除了疾病之外，搶匪械鬥挖去人的雙眼也是因素之一。[10]甘為霖利用回英國休假期間，拜訪了蘇格蘭的會眾，並且為臺灣盲人工作募款，這時他收到一個邀請，去向格拉斯哥自由教會學生宣教協會演講。不久後他們寄來了 525 英磅的巨款，協助甘為霖致力於一萬七千名福爾摩沙盲胞的事工。[11]他回到臺灣後，在教士會通過決議便開始了一連串有系統的盲人事工，光緒 17 年（1891AD）9 月 12 日甘為霖牧師租用台南

8 甘為霖著，林弘宜、許雅琦、陳珮馨譯：《素描福爾摩沙：甘為霖臺灣筆記》，頁 1-8。
9 甘為霖著，林弘宜、許雅琦、陳珮馨譯：《素描福爾摩沙：甘為霖臺灣筆記》，頁 302。
10 邱大昕：〈臺灣早期身心障礙社會工作初探-以甘為霖的盲人工作為例〉，《當代社會工作學刊》7（2015），頁 73-96。
11 甘為霖著，林弘宜、許雅琦、陳珮馨譯：《素描福爾摩沙：甘為霖臺灣筆記》，頁 245。

市二老街口「洪公祠」的房子，創立臺灣第一所盲人學校「青盲學」，[12]
提供貧困盲童書本、膳食與住宿，當時安排的課程有聖經、點字、算帳、
編織、製鞋、做魚網等手工藝，以及刻鑿凸字技巧。其中教導盲人點字
是非常重要的事工，以宣教而言，可以開啟視障朋友接近福音而得救，
對視障者本身而言，可以消除文盲，由觸覺來閱讀與書寫，知識之門就
大開。[13]但是，甘為霖也發現即使讓這些盲人精於閱讀、寫作或算術，學
習獨立養活自己的技能，也無法解決問題。因為編線、編草鞋、編魚網
和編小籃子等等手工，所獲得的工資甚至養不活自己。他努力為盲人找
尋工作機會，認為盲人可以做的工作包括做傳道人、粗工，以及較輕鬆
的手工。[14]

　　明治 28 年（1895AD）臺灣割讓給日本，「訓瞽堂」因局勢動亂而暫
停，於明治 30 年（1897AD）3 月底洪公祠租約到期而停辦。甘為霖仍繼
續遊說日本政府官辦盲校，明治 29 年（1896AD）甘為霖到東京渡假時，
受邀拜訪曾經擔任福爾摩沙首任總督,時任文部省大臣的樺山資紀男爵。
甘為霖希望樺山資紀男爵能夠協助發展盲人教育，於是樺山男爵寫封信
給當時負責臺灣事物的兒玉源太郎子爵，讓甘為霖帶回來給他。明治 33
年（1900AD）12 月 5 日臺南官方以縣令第 25 號，指定臺南慈惠院附設
教育部接辦「訓瞽堂」，並將學校移到台南文昌祠（今岳帝廟），改稱「盲
人教育部」。[15]由教會中學的秋山珩三先生（Akiyama）擔任首任校長。[16]

---

12 瞽，指有眼皮而無目珠、瞳子。而民間稱之為「青盲」、「睛瞑」等。
13 布萊葉點字（Braille point system）不但減少書本厚度，且是字母排列，二十
　四個字母都是全形字，不僅可保留原本布萊葉點字的數字及標點符號，還能
　避免將這些符號與字母混淆。
14 甘為霖著，林弘宣、許雅琦、陳珮馨譯：《素描福爾摩沙：甘為霖臺灣筆記》，
　頁 244-251。
15 吉野秀公：《台灣教育史》，頁 539-540。
16 秋山珩三原為長老會中學與大學的日文老師，秋山先生本人也是視障者，後

　　明治 38 年（1905AD）臺南慈惠院依「盲生教育規定」，學制分為五年制普通科和三年制技藝科，由於針灸和按摩在日本是盲人的傳統行業，因此，在臺灣的盲人教育中安排按摩課程。普通科的課程包括：修身、國語、算術、體操、唱歌等，學科雖為高等小學二學年以上程度，理科及數學則須有高等小學四學年以上之程度。[17]第三學年才開始學習日式按摩，技藝科授予日本按摩術。臺籍盲生在日本老師的指導下，開始學習新的生活技能。政府接手後，盲校教育都以日文進行，而且書本內容完全不提及宗教。另外，盲啞學校只有男生才能在四、五年的修業課程後成為按摩師。[18]甘為霖牧師當時並不看好按摩這一行業，因為按摩是日本人的傳統產業，當時來臺定居的日本人不多，本地人對按摩也還陌生，因此認為臺灣盲人無法靠按摩來謀生。尤其是年齡在 16～20 歲之間的年輕盲人女孩，並不想靠按摩維生，而又沒有富裕的親戚可養活他們，生活的悲慘情況是可想而知。由於當時公學校的就學率不高，完成六年公學校者尚少，盲校畢業的盲人相較之下，教育程度是相當的高。因此建議日本政府，讓受過教育能說流利日語的盲人，在日本政府從事翻譯的工作，但是這項建議並未被當時的政府採納。[19]

三、社會救助機構－臺南慈惠院

　　臺灣位處中國東南沿海，清代時臺灣移民逐漸增多，受限於限制移民到臺灣的政策，這些移民多半來自福建、廣東沿海地區的貧民，且多半都是男性，這些移民來到臺灣後也多半是貧民。這種特殊的社會環境

　　改任盲校校長。

[17] 〈各地之慈惠院〉《臺灣日日新報》，1908 年 1 月 25 日。

[18] 甘為霖著，林弘宜、許雅琦、陳珮馨譯：《素描福爾摩沙：甘為霖臺灣筆記》，頁 249。

[19] 甘為霖著，林弘宜、許雅琦、陳珮馨譯：《素描福爾摩沙：甘為霖臺灣筆記》，頁 251。

使得清代臺灣救濟事業相當發達，也具有相當規模，例如專門收容無依無貧困老人的養濟院、普濟堂等；收容流浪者的棲留所，此外，還有埋葬客死異鄉外地人的義塚、收容孤兒的育嬰堂，以及救濟貧困婦女的恤嫠局，救助的範圍相當的廣。這些救濟機構大都是由民間自行或是民間與官方合作所發，並沒有一個專門的機構去加以管理。

臺南是臺灣最早開發的地區，救濟機構在臺南也相當齊全，日本開始統治臺灣初期，因為臺灣住民反抗事件不斷，導致各地戰爭不斷，清代以來的救濟事業也陷於停滯。政局較為穩定後，日本政府將清代以來的社會救濟事業的項目予以合併或廢除，而成立慈惠院，改由政府力量介入，並且建立制度與規範。「慈惠院」擁有田產、房屋、店面等，加上民間的捐款，因此經費來源充足而具規模。日本政府因為明治 38 年（1905AD）日俄戰爭後，負債累累財政不佳的情況下，慈惠院在當時扮演著貧民救助的重要角色，有臺南、嘉義、彰化三個慈惠院，收容不同的救助對象（表 3.3）：

表 3.3、明治時期各地慈惠院[20]

地區	主要業務	救養區域
彰化慈惠院	收容癩病患者	臺中、彰化、苗栗、南投
嘉義慈惠院	收容孤兒，幼弱者託保姆撫養	嘉義、鹽水港、斗六。
臺南慈惠院	收容盲人	臺南、阿猴、蕃薯藔、鳳山、恆春、臺東。

彰化市在日本統治前就有養濟院、留養局、善養所、育嬰堂等救護機構，日本統治後，因土匪橫行、社會混亂而停止業務。明治 32 年（1899AD）兒玉源太郎總督與臺中士紳會面，希望恢復彰化的慈善事業

---

20 〈各地之慈惠院〉《臺灣日日新報》，1908 年 1 月 25 日。

成立慈惠院，縣內官民募款，而在明治 37 年（1904AD）7 月，以臺灣總督府令第 58 號於臺中州彰化市成立「彰化慈惠院」，並繼承日本統治前已經存在的舊有各種社會事業的全部財產。[21]

「嘉義慈惠院」是將日本統治前已存在的嘉義育嬰堂重建而成。日本統治時曾一度業務停頓，明治 39 年（1906AD）3 月總督府第 16 號令，將清代時的育嬰堂加以恢復，在嘉義創立嘉義育嬰院。且在同年 10 月以第 62 號府令設立嘉義慈惠院，而將嘉義育嬰院的業務及財產全部併入嘉義慈惠院。[22]

「臺南慈惠院」比彰化、嘉義二院規模稍大，「臺南慈惠院」在明治 32 年（1899AD）9 月成立，其主要業務有貧民救濟、醫療、盲啞教育、行旅病人收容。主要收容與救助的對象有五：年老、孤寡、盲目、瘋、五體不具，以及因殘廢、疾病且無謀生能力者，貧民救濟分成院內與院外救濟，每人每月都有一定的衣食費，以及便宜的醫療服務，甚至身故時也會給予喪葬費用或代為埋葬。對於行旅病人也會發給救濟金，並有行旅收容所的設置，提供行旅者一個在旅途過程中，罹患疾病時能安心養病的場所，造福許多來自外地的行旅者。[23]明治 33 年（1900AD）12 月 5 日臺南官方以縣令第 25 號「臺南縣慈惠院規程」的變更中，設置工藝部，教授貧民婦女簡易的編織技術，以達到自力更生；並且計劃增設機業傳習所，將教導這些被救濟者學習各種工藝，不再是單純的給予援助，而是教導他們如何謀生以防貧的觀念。並且指定臺南慈惠院附設教育部接辦「訓瞽堂」，並將學校移到台南文昌祠（今岳帝廟），改稱「盲人教

---

21 杵淵義房：《臺灣社會事業》（臺灣：德友會，1940），頁 1147-1151。
22 杵淵義房：《臺灣社會事業》，頁 1150。
23 〈慈善事業之財團〉《臺灣日日新報》，1905 年 12 月 13 日。

育部」。[24]教授盲人摸字及國語數學等科。明治 39 年（1906AD）臺南慈惠院因為經費來源充足，為了方便盲啞者就學，因此想擴張其規模，於院內添蓋校舍，並將教育部原本設有教育盲啞科改為學校，並且聘請東京盲啞學校畢業生中村京太郎氏為教師。臺灣視障者的養護工作，由救濟養護正式進入近代教育體制之中，教以知識並且授以謀生之技能，使其自力更生，臺南慈惠院佔有重要的地位。《臺灣日日新報》中就有以下記載：

> 凡願意就學者，提出履歷書註明姓名住址年齡，稟請當局者，
> 經查明其身體合格，然後准許其入校就讀，授以學術技藝。
> 修業年限為五年，除國語、算術、地理、歷史、理科、體操
> 而外，尚有教授技術科。學科雖為高等小等二學年之程度。
> 然理科及數學，則須有高等小學四學年以上之程度。[25]

　　日治時期，由於日俄戰爭所帶來的社會問題與日本政府嚴重負債，因此在社會救濟事業上，觀念、體制上與清代單純的給予生活弱勢者生活補助的救貧方式不同；也讓臺南地區的救濟事業擺脫清代救濟事業無統一架構、制度不明確的時代。社會救助的觀念從之前的「救貧」轉變為「防貧」，給予生活弱勢、殘障者謀生技能訓練，不僅能使被救濟者自力更生，且能增加政府稅收，也可減少政府社會救助的費用。

四、可風三人－臺籍盲人從事按摩業的里程碑

　　十九世紀日本的盲人學校，課程中都有針灸與西洋按摩，如例日本京都府立盲啞學校於明治 13 年（1880AD）9 月設置按鍼術科，位於東京的樂善會訓盲學校也在明治 14 年（1881AD）開始教授按摩和針灸。

24　吉野秀公：《台灣教育史》，頁 539-540。
25　〈慈善事業之財團〉《臺灣日日新報》，1905 年 12 月 13 日。

由於當時明治政府急於輸入西洋醫學，盲人學校的課程內容除了傳統的經穴原理外，也開始教授西洋的生理學、解剖學和西洋按摩（Massage）等，使盲人從事的按摩更具有現代醫療的基礎和專業地位。[26]

　　日本統治臺灣之後，開始有臺灣盲人前往日本留學，最早一批是「青盲學」畢業的郭主恩、蔡溪、陳春等三人。他們在明治 30 年（1897AD）夏天前往東京盲啞學校就讀。剛開始由於沒有經費，該校沒有立刻接受他們入學，後來甘為霖牧師為了幫助他們籌措學費，便寫信給當時的臺灣總督府學務長伊澤修二。最後在日本友人的協助下，於明治 30 年（1897AD）6 月 26 日在東京舉行募款音樂會而募得將近五百圓，東京盲校對此事有記載，收入 480 圓中的 330 圓元指定捐款是東京盲啞學校，150 圓則指定給京都盲啞學校。[27]三位盲生利用開學前的時間前往橫濱，由海岸教會的細川流牧師安排住宿，並由周添佑教他們日語，7 月 13 日巴克禮（Thomas Barclay 1849-1935）陪同他們辦理入學和住宿手續。伊澤修二不僅抽出時間教授三位盲生日語，也教導東京盲啞學校的老師臺語，以便彼此溝通。[28]

　　由於日本和臺灣的氣候差異很大，陳春和蔡溪兩人水土不服經常生病，所以希望可以回臺灣休養，因此兩人後來轉入速成科，並於明治 31 年（1898AD）7 月 16 日提前回臺，只有郭主恩繼續留下來讀書。當時，盲啞學校經常被用來代表一個國家文明進步的程度，因而成為外賓參觀的場所。[29]郭主恩能說流利日語，凡有來自中國或臺灣的訪客參觀東京盲校時，都由郭主恩擔任口譯。明治 32 年（1899AD）臺灣協會決議從該

26　中山太郎：《日本盲人史》，頁 163。

27　東京盲學校編：《東京盲學校六十年史》（東京：東京盲學校，1935），頁 213。

28　潘稀祺編著：《臺灣盲人之父-甘為霖博士》（台南：人光出版社，2004），頁 91-92。

29　〈盲啞教育之進〉《臺灣日日新報》，1906 年 11 月 1 日。

年 5 月份開始提供郭主恩每月十圓的學費支助，[30]隔年，明治 33 年
（1900AD）9 月郭完成學業回到臺灣。他希望能在臺北或臺南設立一所
盲校，因此曾尋求富商李春生的贊助，不過在這一年臺南官方以縣令第
25 號指定臺南慈惠院附設教育部成立「盲人教育部」，因此，郭主恩於
11 月進入臺南慈惠院盲人教育部任教。[31]明治 36 年（1903AD）郭主恩
離開學校自行開業，當時只有郭主恩、蔡溪和陳春他們三人懂得西洋按
摩，三人平時穿著日本人的服裝，又操持熟練的日語，顧客群主要來自
官廳宿舍、料理店和娼寮，每次按摩二十錢，一天按四人就有八十錢，
每月收入平均二十圓以上。[32]以明治 38 年（1905AD）公學校職員俸給九
級月俸是 12 圓，[33]郭主恩三人的按摩收入並不輸給從事教職工作，並可
購屋置產、教授學徒，一改視障者貧窮、可憐需要他人救濟之形象。

按摩在當時是高所得的行業，無形中吸引在盲校教書的盲人教師，
以及盲啞學校畢業生陸續投入按摩這一個行業。加上日本內地招募大批
的土地調查人員來臺投入土地調查工作，日本人習慣於求助按摩的治療，
無形中增加了臺籍盲人從事按摩的機會。甚至盲啞學校四、五年級生都
能以所學一技之長，夜間到街市按摩賺取學費，《臺灣日日新報》記載：

> 臺南慈惠院。內分設盲啞學校。在獄帝廟街。所養成生徒。
> 頗有成績。統計男女約三十餘人在校研究者將近十二三名。
> 該校四五年生。就所學手術。每夜出街按摩所得金額。平均
> 一個月可得二十餘圓。如此厚利。可維持其學費。[34]

---

30 〈論教育之要〉，《臺灣協會會報》，第十八號，頁 76-78。

31 臺灣協會：〈臺灣盲生郭主恩〉，《臺灣協會會報》8（1899），頁 59-60。

32 〈可風三人〉《漢文臺灣日日新報》，1907 年 1 月 22 日。

33 臺灣總督府民政局學務部：《臺灣總督府學事四年報》，頁 74-77。

34 〈瞽者厚利〉《臺灣日日新報》，1908 年 12 月 19 日。

五、明治政府對盲人針按業的保護政策–按摩、針灸營業取締規則

日治初期，臺灣民間盲人所從事的是掠龍骨、搥背，其收費較按摩低廉，常吹著按摩笛在街道行走招徠生意。[35]按摩與掠龍骨兩者常被混淆，日本政府也開始注意其弊端，明治 35 年（1902AD）8 月臺北廳公布「針灸術按摩營業約束章程」，規定從業者必須具備「地方廳所領與官准單抄本」（官准單）或「師家之習熟證書」，而針灸習業證書還必須有至少二位同業證明，違者將會被拘留或科以罰金。[36]因此，臺灣民間臺灣人從事的掠龍骨、搥背便無法再公開營業，殖民政府並且陸續有試驗制度與許可證之設立計畫。[37]明治 36 年（1903AD）12 月，臺北醫院將按摩工作附屬於外科部開始治療，不過值得注意的是日本政府對按摩術、柔道整腹術、接骨術、灸術、針術等，認為本屬漢醫學的分科，雖然都當成醫療事業明文管理，但並不認為施術的人是醫事人員。日治前期從事按摩，針灸術的營業規定，只見於各地方廳的各營業取締規則，非常混亂。[38]

在一片西化的環境下，日本政府為保護盲人針按業，於明治 44 年（1911AD）8 月 14 日公佈了「按摩營業取締規則」（內務省令第 10 號）。其中按摩營業取締規則對盲人和視力健康者的考試內容及考試規則的規定均存在差別待遇，降低了盲人從事按摩業的門檻。該規則是在當時盲人從事針按業人數較多的社會現實以及各幫盲人請願、運動的壓力下產生的。[39,40]雖然沒有完全排斥視力健康者從事該行業，但從放寬盲人考試

---

35 臺灣慣習研究會：《台灣慣習記事》5.4（1905），頁 60-62。

36 《台北廳廳報》92（1902 年 11 月 11 日），頁 160-161。

37 〈鍼灸按摩試驗制度〉《漢文臺灣日日新報》，1910 年 12 月 8 日。

38 莊永明：《臺灣醫療史：以臺大醫院為主軸》（台北：遠流出版社，1998），頁 180-182。

39 〈盲者大會〉《漢文臺灣日日新報》，1910 年 4 月 29 日。

40 〈鍼灸按摩試驗制度〉《漢文臺灣日日新報》，1910 年 12 月 8 日。

要求這一點來看，允許相關行業的存在也絕對不是為了發展規範針灸醫療衛生事業，或保護盲人以外的針按師，更多是為了確保盲人「獨立自營」的生活權利，以及減輕政府在社會福利上的財政壓力等。[41]

該規則對日本針按業，特別是盲人針按業最大的影響，就是帶來盲人針按學校的設立與完善。據「官報」記載，從明治 45 年（1912AD）5月開始，設立盲校的依據均為：「明治 44 年 8 月內務省令第 10 號「按摩術營業取締規則」第一條以及同年同月內務省令第十一號「鍼術、灸術營業取規則」第一條」，參加考試者必須是內務省指定學校或講習所畢業者方可參與考試。至明治 45 年（1911AD）年末，日本全國共有 68 所盲啞學校（臺南慈惠院也在其中），統計發現這些學校的辦學時間大多是在該規則出現前後，盲啞學校專業課程中，視障者教以按摩術，於聾啞者教以裁縫及彫刻繪畫等技能。[42]可以說日本的盲啞學校作為培養針灸按摩師的專門學校的形象，及其主要教學內容都是從這個時期確立。

第二節　大正時期（1912AD～1925AD）臺灣的視障教育

日治初期，臺灣的教育完全沒有完整的學制系統可言，日本人和臺灣人雙軌，日本人的教育是依據日本本土的學制，臺灣人的教育則是依據總督府頒布的學校官制、學校規則和學校令。直到大正 8 年（1919AD）1 月「臺灣教育令」公布後，才確立了臺灣人的教育制度。大正 11～13年（1922AD～1924AD）隨著日本教育方針的改變，臺灣教育政策也隨之變更。大正 11 年（1922AD）以後，廢除種族區別政策，實施日臺共

---

[41] 武彥：〈日本盲人針按業的變遷及其影響〉，《中國針灸》36.1（2016），頁 85-90。

[42] 〈調查特殊教育〉《臺灣日日新報》，1911 年 10 月 27 日（臺政要聞）。

學制，把日臺人教育統一在同一種制度之下。[43]其中與盲人教育相關的法令有總督府以敕令 224 號發佈「臺灣公立盲啞學校官制」、總督府令 107 號頒布「臺灣公立盲啞學校規則」、總督府令 138 號頒布「私立學校規則」、改正私立盲啞學校規則、敕令 375 號公布「盲學校與聾啞學校令」、文部省令第 34 號頒布「公立私立盲學校及聾啞學校規程」。

一、臺南州立臺南盲啞學校的設立

大正 4 年（1915AD）9 月 16 日，恩賜財團明治救濟會長捐贈臺南盲啞學校建築經費兩萬五千圓。同年 12 月，總督府認可名稱為「臺南盲啞學校」，並且增加啞生部普通科。大正 6 年（1917AD）5 月 7 日，改正盲生部技藝科，增加針治和西洋按摩（massage），修業年限：普通科五年，課程有修身、國語、算術、體操、唱歌。技藝科三年（普科第三年可以兼修日本按摩課）。大正 11 年（1922AD）4 月 22 日總督府以敕令第 224 號公布「臺灣公立盲啞學校官制」，在臺南州設立「臺南州立盲啞學校」。同年 5 月 1 日，臺灣「公立盲啞學校規則」發布，改名為「臺南州立臺南盲啞學校」，所有的臺南慈惠院的學生，以及盲啞教育設施機關全部改為公立。[44]盲啞教育正式納入教育體系之中，「公立盲啞學校規則」第三十三條規定技藝科的修業方式，盲生是學習針灸與西洋按摩，啞生則是靴工、理髮、裁縫，盲生部、啞生部各設普通科、技藝科及專修科，修業年限各部普通科五年，專修科三年，技藝科盲生部三年、啞生部四年。盲生技藝科及專修科設置針按分科，普通科第三學年以上可兼修。

大正 13 年（1924AD）8 月 21，「公立盲啞學校規則」的學則更改，修業年限更改，增加一年，普通科為六年，技藝科四年，普通科學科目

---

[43] 李園會：《日據時期臺灣教育史》（台北：國立編譯館，2005），序。

[44] 臺南州立臺南盲啞學校：《臺南州立臺南盲啞學校》（臺南：臺灣日日新報社，1936），頁 1-3。

有修身、國語、算術、地理、歷史、理科、唱歌、體操。技藝科除修身、國語、算術、唱歌、體操外，另外加上鍼按學理、按摩與鍼治三種專業課程（表 3.4），使得盲生的職業教育走入更專業化。

表 3.4、大正 13 年（1924AD）臺南州立盲啞學校盲生部專業課程[45]

課程名稱	內容	每週時數
鍼、按相關學理	體表區分與名稱、解剖大意、日本按摩學理、鍼術學理、孔穴學、生理衛生大意，按摩學理、灸法學理、病理大意，臨床治法	2 小時
按摩	日本按摩、西洋按摩（Massage）	4 小時
鍼治	孔穴、刺法、灸法	2 小時

二、木村謹吾與私立臺北盲啞學校

臺灣在日治時期除了官方引進的新式教育，地方士紳、有志教育人士也不斷提出新的教育理念；也有非教育人士稟持著熱情和信念來臺實施他們對教育的理想與抱負。其中最被臺灣視障者懷念的是三代推廣視障教育的木村謹吾醫師與他的父親木村廉敬醫師及他的兒子木村高明。[46]

由木村謹吾來臺二十週年時所寫「臺北訓盲院設立趣意書」，我們可得知木村廉敬是一位盲人，精通針治及漢醫學，曾為幕府後期的藩主水野侯針灸治病，在明治維新時期返回家鄉開設針療院，並在家中開設書塾以教導盲人為主。也曾在東京創設針治學校，後來應橫濱基督教訓盲院之聘，前往擔任教職。木村廉敬不以自己眼盲為憾，學習針治並且教導盲人，他對盲人教育的貢獻，或多或少影響了後來來臺的木村謹吾。

---

[45] 臺南州立臺南盲啞學校：《臺南州立臺南盲啞學校》，頁 23-24。
[46] 漢珍數位圖書編：《臺灣人物誌》。

在木村謹吾的自述中言：

> 囊予在先嚴膝下，尚侍讀百家之書，且補助教授，際明治二
> 十七八年戰役，予從軍渡臺，先嚴命予調查本島盲人教育之
> 一般與其生活狀態，予於公務餘間亦經調查本島盲者之職業
> 及生活狀態詳細報告，於是命予若是永居臺灣，當為彼可憐
> 之臺灣盲人籌之。[47]

　　木村謹吾先生，明治 2 年（1869AD）出生於日本靜岡縣沼津市本町，明治 15 年（1882AD）縣立沼津中學入學，中學畢業後於明治 19 年（1886AD）進入海軍醫學校就讀，明治 23 年（1890AD）畢業在橫濱市開業。明治 28 年（1895AD）9 月木村謹吾奉命與二十名軍醫來臺，先是致力於撲滅傳染病；明治 29 年（1996AD）4 月在基隆醫院擔任醫師，[48]離職後，於台北町大加蚋堡大稻埕北門外街二町目四十八、四十九番號，開設私人診所「木村腸胃病醫院」。[49]待臺灣衛生條件改善後，他除了行醫外也開始推動盲啞教育。

　　木村謹吾考慮到盲生可以學習的機構，只有遠在臺南的慈惠院盲人教育部，而在盲童較多的北部則無此類機構，一方面在自己開設的醫院看診，維持基本收入；一方面將住宅二樓用為收容與教導盲生，隨著盲生的增加，木村謹吾拿出自己的積蓄以及在教會中向弟兄姐妹募得的捐款，於臺北西門外街一町目九番地擴建校地，同時也向臺北州申請成立私立盲啞學校，大正 6 年（1917AD）6 月 25 日成立「木村盲啞教育所」，

47　木村謹吾：〈臺北訓盲院設立趣意書〉（1915），收於臺北啟明學校編，《北明叢書 38 輯》（臺北：臺北啟明學校，2012），頁 11-12。

48　〈木村謹吾氏〉《岳友》6（1937），頁 78-81。

49　《漢文臺灣日日新報》，1906 年 11 月 29 日；1908 年 1 月 15 日；1908 年 6 月 17 日。

是為北部最早盲人教育機構。持續招收盲生之外，啞生也成為木村謹吾教育的對象。[50]木村謹吾夫婦對於盲啞教育多所貢獻，屢獲臺灣教育所頒發教育功勞者獎杯，並在日本皇太子本島行時，獲得到其御所親自接見的殊榮。木村謹吾的長男木村高明在商業學校畢業後，前往東京盲學校師範科學習，畢業後擔任兵庫縣立盲學校校長，也投入盲人教育的行列。[51]木村謹吾於昭和 10 年（1935AD）去逝，其子木村高明接任臺北州立臺北盲啞學校校長職位。[52]，在人情薄如紙的年代，木村三代推廣視障教育的精神，非常令人敬佩。

三、針灸與按摩證照制度的設立

由於日本人開業增加、私立臺北盲啞學校創立、臺南州立臺南盲啞學校設立，臺灣人子弟畢業開業，總督府為了取締不法按摩、針灸業者，認為取締法與許可資格、試驗規則有設立之必要，大正 13 年（1924AD）3 月府令第 290 號「按摩術營業取締規則」與府令第 291 號「針術、灸術營業取締規則」發布實施，明定考試科目、報考資格、執業範圍，以及罰則。

「按摩術營業取締規則」是依據明治 44 年（1911AD）8 月 14 內務省令第 10 號「按摩營業取締規則」加以修定，西洋按摩（マッサージ）、柔道整腹術營業也準用此規則。從事按摩業並沒有盲人與明眼人之分，但必須是內務省指定的按摩相關學校或講習所畢業，方可參與考試，當時臺灣地區指定之按摩術學校為臺北及臺南州立盲啞學校。考試分為甲、乙兩種，明眼人參加甲種考試，須修業四年以上按摩術；視障者參加乙種考試，修業年限是二年以上。考試科目分四大類（表 3.5），除按摩實

50　臺北洲立臺北盲啞學校：《臺北州立臺北盲啞學校一覽》，頁 1。
51　〈木村謹吾氏〉《岳友》6（1937），頁 78-81。
52　〈人事消息〉《臺灣青年》1935 年 6 月 3 日。

際操作相同，學科部分乙種考試較甲種簡易。[53]

表 3.5、「按摩營業取締規則」考試題目[54]

分類	考試內容
人體結構及主要器官機能	1. 人體骨骼、肌肉、臟器的構造 2. 肌肉、臟器的經血管分布 3. 腦脊髓的神經分布 4. 呼吸、血液循環、五官及生殖妊娠等生理功能。
按摩方式及身體各部按摩術	1. 按摩方式、柔道整復術應用概則 2. 頭首、咽喉、胸背、腹部、腰部、四肢等各部位的按摩術要點 3. 各項按摩術的效用、適應症、禁忌症與其他注意事項
消毒法大意	1. 消毒的意義 2. 消毒藥的種類 3. 消毒的方法
按摩術實地操作	頭首、咽喉、胸背、腹部、腰部、四肢等各部位的按摩術實際操作

　　「鍼術、灸術營業取締規則」是依據明治 44 年（1911AD）內務省令第 11 號「鍼術、灸術營業取締規則」加以修定。必須是內務省指定的按摩相關學校或講習所畢業（需修業四年以上），方可參與考試，針術、灸術營業者與按摩業者一樣，也是由地方廳政府所管轄，其營業及取締規則、執照頒發等事項皆相同。執行針術、灸術業務時，放血、外科手術或是開立藥方是不被允許。[55]針術、灸術的考試內容分為學科學理考試

---

[53]　佐藤會哲：《臺灣衛生年鑑》）（台北：臺衛新報社，1932），頁 263-268。

[54]　佐藤會哲：《臺灣衛生年鑑》）（1932），頁 272。

[55]　佐藤會哲：《臺灣衛生年鑑》）（1932），頁 268-269。

與實際操作兩部分，此項考試在學科對於視障者並沒有優惠（表 3.6）。

表 3.6、「鍼術、灸術營業取締規則」考試題目[56]

分類	考試內容
人體結構及主要器官機能以及肌肉神經血管的關係	1. 人體骨骼、肌肉、臟器的構造 2. 肌肉、臟器的經血管分布 3. 腦脊髓的神經分布 4. 呼吸、血液循環、五官及生殖妊娠等生理功能。
人體各部鍼刺方法、灸點法並經穴及禁穴	1. 灸點、經穴、禁穴的位置、名稱 2. 灸點、經穴、禁穴的位置與肌肉、神經、血管、臟器的關係 3. 鍼術、灸術的適應症、禁忌症，以及其他施術注意事項
消毒法大意	1. 消毒的意義 2. 消毒藥的種類 3. 鍼、手指及施術部位的消毒方法與順序
鍼術、灸術實際操作	身體各部位鍼術、灸術實際操作

　　當時對於醫療行為相當注重，且對各項醫療業務不管是否屬於侵入性之醫療行為，皆嚴格把關，從教育、考試、營業規則都有詳細規定，從業人員，必須定期接受健康檢查，並且遵守各項規定，若有違規者除罰金百圓以下，情節嚴重者撤消其執業許可證。[57]其嚴肅的態度面對每一項醫療業務的立法精神，在今日仍是值得學習。

　　從大正 1～12 年（1912AD～1923AD）從事按摩、鍼術、灸術的執業人數統計（表 3.7）（表 3.8），臺籍從業人數和日本人相比，從事按摩

---

[56] 佐藤會哲：《臺灣衛生年鑑》）（1932），頁 272-273。

[57] 佐藤會哲：《臺灣衛生年鑑》）（1932），頁 266

的人數明顯高於鍼術與灸術者，而且是明顯的逐年增加。臺灣人從事鍼術與灸術雖有增加，但仍是少數，鍼術、灸術的從業人員仍以日本人居多，筆者認為主要原因是臺南州立盲啞學校自大正 6 年（1917AD）5 月 7 日才開始在盲生部技藝科增加針治和西洋按摩（マッサージ），因此畢業生人數尚少；再加上鍼術、灸術的考試對視障者並沒有優惠待遇，相對而言是有其難度。

表 3.7、大正 1～12 年（1912AD～1923AD）按摩營業者統計[58]

年	1912	1913	1914	1915	1916	1917	1918	1919	1920	1921	1922	1923
日本人	109	130	121	123	118	106	96	96	101	98	70	80
臺灣人	74	63	89	93	104	115	120	157	179	204	225	260
合計	183	193	210	216	222	221	216	253	280	302	295	340

表 3.8、大正 1～12 年（1912AD–1923AD）鍼術、灸術營業者統計[59]

年	1912	1913	1914	1915	1916	1917	1918	1919	1920	1921	1922	1923
日本人	75	66	88	90	83	82	63	57	78	77	95	90
臺灣人	2	3	7	5	4	4	6	10	21	11	18	21
合計	77	69	95	95	87	86	69	67	99	88	113	111

四、視障職業教育的教考用趨於完備

日本殖民政府採取近代教育的模式，將視障教育從清代時透過傳教士、社會機構消極的養護，轉變為積極教育，認為：「盲人教育的概念，不只是單純盲人本身的問題，還包括其家庭、學校、社會，以及國家的教育政策，且非單純的救濟政策。」[60]教授其生活必須的智慧、技能以及國民道德。南、北兩所盲啞學校陸續設立，根據《台灣總督府學事第二

---

[58] 臺灣總督府警務局：《臺灣衛生要覽》，頁 155。
[59] 臺灣總督府警務局：《臺灣衛生要覽》，頁 156。
[60] 大河原欽吾：《盲教育概論》，頁 261。

十二年報》所載，南、北兩所盲啞學校盲生部的學制（表 3.9），盲啞學校盲生部的職業教育主要有鍼術、灸術、西洋按摩術及東洋按摩術的傳授。大正 13 年（1924AD）3 月「按摩營業取締規則」、「鍼術、灸術取締規則」的頒布，將按摩、鍼灸納入衛生醫療體系，透過教育體系、國家考試與執業要件三個環節配合，法律給予規範設定進入相關行業的門檻，盲啞學校等同於視障者的職業教育所。當時臺灣社會一般人受教育程度普遍偏低，公學校自動入學就讀率不高，必須各學校之教員、學務委員到各分戶勸誘，使其子弟就學。[61]臺籍視障者因殘障之故而享有得天獨厚的機會，進入盲校學習專業技能，讓其有「獨立自營」的精神，只要其奮發努力、不屈不撓，就有生存競爭能力。

表 3.9、大正 11 年（1922AD）南、北兩所盲啞學校盲生部學制[62]

	私立臺北盲啞學校	臺南州立盲啞學校
分科	普通科、技藝科	普通科、技藝科、專修科。
入學資格	普通科：年齡 8 歲以上； 技藝科：必須修完普通科； 專修科：年齡 18 歲以上者。	普通科：年齡 8 歲以上； 技藝科：必須修完普通科或具 　　　　同等以上學歷者。 專修科：15 歲以上。
修業年限	普通科 6 年 技藝科：針按分科 4 年 　　　　按摩分科 2 年 　　　　音樂分科 6 年（未 　　　　設立） 　　　　專修按摩分科 2 　　　　年。	普通科 6 年 技藝科 3 年（設針、按分科） 專修科 3 年（設針、按分科）

---

61 《臺灣日日新報》，1906 年 1 月 19 日。
62 臺灣總督府：《臺灣總督府學事第二十二年報》（臺北：盛文社，1926），頁 22-25。

第三節　昭和時期（1925AD～1945AD）臺灣的視障教育

　　臺灣的視障教育隨著政局的穩定呈現穩定的現象，南、北兩所盲啞學校納入公立學校、各種國勢調查、保眼愛盲的統計、都在昭和時期陸續出現。

一、私立臺北盲啞學校納入公立學校之列

　　由於日本教育方針的改變，臺灣教育政策也隨之變更，總督府令138號頒布「私立學校規則」、「改正私立盲啞學校規」，因此木村盲啞教育所重新立案，並更名為「私立臺北盲啞學校」。[63]昭和3年（1928AD）10月3日，木村謹吾將私立臺北盲啞學校交給政府接辦，改制為「臺北州立臺北盲啞學校」隸屬臺北州，由木村謹吾擔任教師兼第一任校長。[64]同年的11月23日臺北州令第7號以「臺北州立臺北盲啞學校學則」發布。盲啞學校由總督府接管後，改制成州立，逐步的被納入近代國民義務教育的脈絡中，享有更多的政府資源，師資、設備也更加完備，除了知識、技術的傳授之外，也注重學生體育、精神上的培養。在《臺北州立臺北盲啞學校一覽》中記載學校教學方針為：「盲人、聾啞者，施以普通教育並且教其生活必須的智慧、技能以及國民道德。職業教育方面，盲生部主要有針術、灸術、西洋按摩術及東洋按摩術的傳授，讓其有『獨立自營』的精神，奮發努力、不屈不撓，有生存競爭能力。」[65]另外，由於盲生、聾生多發育不良身體虛弱，所以在課程上特別重視體育，課程中都設有體操課，以培養其運動和矯正精神上的缺陷。盲生部技藝科分科更

63　臺北州立臺北盲啞學校：《臺北州立臺北盲啞學校一覽》（臺北：大明社，1935），頁2。
64　臺北州立臺北盲啞學校：《臺北州立臺北盲啞學校一覽》，頁3。
65　臺北州立臺北盲啞學校：《臺北州立臺北盲啞學校一覽》，頁5。

為明確，分為針按分科、按摩分科、專修科，修業年限：普通科六年，授予一般學科；技藝科分為三種：針按分科四年、按摩分科兩年、專修科兩年。

二、木村謹吾參加國際盲人事業會議

　　隨著日本殖民政府政局的穩定，對於身心障礙的教育也開始重視，各項的統計調查逐一出現。根據 1920～1930 年世界各國的盲人統計，人口眾多的印度，每萬人口中盲人的比率有 15 人，而臺灣視障人口比率每萬人口中就有 43 個盲人，將近是印度的 3 倍之多，[66]可見臺灣盲人的數量之多。昭和 5 年（1930AD）的國勢調查，盲人的分布狀態各州差異很大，臺北州有 1,039 人，新竹州 980 人，臺中州 1,256 人，臺南州 4,411 人，高雄州 1591 人，臺東廳 96 人，花港廳 117 人，澎湖廳 417 人。臺南州是全島盲人最多的地區，約是臺灣盲人總數的一半。[67]殖民政府非常重視臺灣的視障教育，在臺灣有臺北、臺南兩所盲啞學校，以及臺北盲聾啞保護會，由於木村謹吾先生在視障教育的貢獻，昭和 6 年（1931AD）4 月木村謹吾代表日本政府參加在美國紐約舉行的國際盲人事業會議，並提出減少盲人的方法，以及保眼愛盲的政策，內容包括教育、保護、救濟等。

　　木村謹吾先生以其居住臺灣四十年的經驗，認為造成臺灣視障人口眾多的主要原因，除了地理環境之外，主要是醫療機構的不足、社會貧窮，貧困者多文化素質低、崇尚迷信、衛生觀念不足。造成臺灣人失明的原因有十一個（表 3.10），尤其是トラホース是臺灣特有的眼睛疾病，昭和 6 年（1931AD）警務局衛生課的調查，每百人中罹病率最多的是臺

---

[66] 臺北州立臺北盲啞學校：《臺北州立臺北盲啞學校一覽》，頁 67-68。

[67] 木村謹吾：〈失明防止與視力保存〉，《社會事業之友》72（1934.11），頁 13-23。

南州高達 51 人，臺東廳 43.2 人；高雄州 41.3 人；新竹州 33.9 人；臺中州 31.8 人，主要在海岸線沿岸。以臺南州為例，其分布區域主要是臺南虎尾、北門、東石、北港等沿海地區居多，也是盲人較多的地方。防範之道除了沿海地區防風林的設計以防砂塵飛揚，根本之道是注意個人衛生，以及山區兒童的預防治療。[68]

表 3.10、日治時期臺灣人失明因素[69]

病名	病因	因應之道
新生兒膿漏眼	產婦淋病所致	公設產婆，舊式產婆（生先媽）教以助產知識
膿漏眼	淋病接觸感染	淋病的治療，不使用公共場所衛生用品
角膜軟化症	維生素 A 缺乏（百日咳、肺炎、胃腸病）	補充營養、肝油
麻疹	麻疹併發營養不良、眼睛潰瘍	麻疹併發症治療
梅毒	梅毒性網膜脈絡炎、角膜實質炎、視經性萎縮等，遺傳性梅毒發作	血液檢查，夫婦須同時治療
トラホース	接觸傳染	注意個人衛生
外傷	尖物、火傷、爆炸等	注意兒童安全
腦膜炎		
惡性近視	遺傳	
先天性眼病	眼球發育缺損、小眼、虹彩缺損	
角膜潰瘍		

---

[68] 木村謹吾：〈失明防止與視力保存〉，《社會事業之友》72（1934.11），頁 13-23。

[69] 木村謹吾：〈失明防止與視力保存〉，《社會事業之友》72（1934.11），頁 13-23。

　　木村謹吾參加國際會議之後，認為在視力保健上，除了提倡定期兒童視力檢查、配戴合適的眼鏡之外，也參酌歐美各國在視障教育上的經驗提出建言，視覺障礙是指依萬國式視力表所測定之優眼視力未達 0.3，或視野在二十度內者。但是，弱視學童須利用放大文字或光學輔助器材為學習工具者，不只是單純的將他們送進一般學校就讀。可參照歐美國家另外設立弱視學校，教育方式上是與一般兒童相同，但是採取小班教學（每班 15 人），教科書字體放大、特製鉛筆、黃底黑字、綠色看板，以及各種輔助教具等，並有體育館的設置。特別的是這些學校設有眼科、齒科、耳鼻喉科的診療室與治療室的設備，眼科醫師每週到校幫學生視力檢查，以瞭解其視力問題，並防範其視力之惡化。[70,71]日本在昭和 7 年（1932AD）針對東京市小學二年級以上學童弱視調查，於昭和 8 年（1933AD）東京市麻布區南山小學校內設置弱視班級，開始收容教授小學三、四年級弱視學生，可謂日本弱視兒童特殊教育的開端。

三、按摩成為視障者的主要職業之一

　　日本統治臺灣初期，當時屬於農業社會，臺籍盲人所從事的行業多元，其中和按摩類似的有掠龍骨、搥背，其收費較按摩低廉，常吹著按摩笛在街道行走招徠生意，社會地位低下，屬下九流的工作。經過殖民政府有計劃的將視障教育納入公立體系，並設立按摩、針灸考試制度加以規範，從業人員必須是盲啞學校或講習所畢業，且通過考試取得執業許可證方得執業。當時從事按摩、針灸的視障者都是學有專精的專業人員。後來日本內地來臺人數增加，接受按摩、針灸的人數無形增加，臺灣民間對於盲人按摩業也有一定的認識，使得視障者可以按摩業為安身

---

70 木村謹吾：〈失明防止與視力保存〉，《社會事業之友》72（1934.11），頁 13-23。
71 木村謹吾：〈弱視兒童教育〉，《社會事業之友》17（1937.11），頁 11-20。

立命的職業。

　　昭和 5 年（1930AD）國勢調查結果，臺灣全島盲人總數為 18,510 人，男性 8,518 人，女性 9,992 人。雖然絕大部分的盲人是無業（15,599 人），但是所從事的職業多元，有農業 1,165 人，水產業 55 人，鐵業 10 人，工業 123 人，商業 182 人，交通業 5 人，公務、自由業（指鍼術、灸術、按摩術以及西洋按摩）1,161 人，家事傭人 18 人，其他 32 人。很明顯的視障者的職業以農業最多；其次為公務、自由業，資料顯示這類工作者大都集中在都會區，臺北州就有 268 人。值得注意的是聾啞者中也有從事針術、灸術、按摩術以及西洋按摩者，共有 8 人，其中 5 人在臺北州執業。[72]由昭和時期按摩等的執業人數（表 3.11）統計數據顯示，從事按摩術、鍼術、灸術者有逐年成長的趨勢。

表 3.11、昭和年間按摩等執業人數統計資料

職業	昭和 9 年[73]	昭和 11 年[74]	昭和 13 年[75]	昭和 15 年[76]
按摩	467 人	487 人	494 人	587 人
マッサージ	97 人	114 人	123 人	213 人
柔道整腹術	32 人	38 人	41 人	41 人
接骨術	12 人	14 人	16 人	15 人
鍼術	207 人	195 人	212 人	325 人
灸術	184 人	180 人	197 人	308 人

[72] 臺北州立臺北盲啞學校：《臺北州立臺北盲啞學校一覽》，頁 58-61。

[73] 臺灣總督府警務局衛生課編輯：《臺灣の衛生 昭和十年版》（臺北：臺灣總督府警務局衛生課，1937），頁 66-67。

[74] 臺灣總督府警務局衛生課編輯：《臺灣の衛生 昭和十二年版》（臺北：臺灣總督府警務局衛生課，1937），頁 68-69。

[75] 臺灣總督府警務局衛生課編輯：《臺灣の衛生 昭和十四年版》（臺北：臺灣總督府警務局衛生課，1939），頁 69-70。

[76] 丸山芳登：《日本領時代に遺した臺灣の醫事衛生業績》（臺北：丸山芳登，1957），頁 113。

四、名人日記中的視障按摩

日記是個人連續性的生活紀錄，代表當時人記當時事，對於當時的人或事的記載較為直接，可真實反應史實。《灌園先生日記》是臺灣民族運動的先驅林獻堂先生（1881-1956）所留下來的珍貴資料，日記始於昭和 2 年（1927AD），止於民國 44 年（1955AD），前後共 29 年（包含日治與國民兩個不同政體），日記內容除了家族歷史外，有豐富的經濟、政治、社會、文化活動等相關資料，其中記錄最多的是關於生活中食衣住行的細節。[77]林獻堂先生為大地主，曾任區長、總督府評議員、敕選貴族院議員，與其來往者多是當時臺灣社會的大人物與菁英，甚至總督也曾是他家的座上賓。在醫藥方面，日記中可見當其自身或家人有疾病時多是請西醫來宅診治，或是前往西醫院就診，民國 38 年（1949AD）林獻堂更是選擇遠渡重洋至日本醫治頭眩宿疾，最後未能痊癒而客死異鄉。[78]

目前歷史文獻對於視障按摩的記錄，除了官方的記載，實際記錄非常少，主要是因為視障者所使用的文字為點字，非一般人所能理解。而在《灌園先生日記》中有詳盡的按摩保健與治病紀錄，按摩是日記主人的日常活動之一，關子嶺的盲人按摩師陳新扶最常被提及，只要日記主人到關子嶺，都會有按摩師陳新扶的記錄。

　　昭和六年三月十七日　舊正月二十九日　火曜日　晴／雨

　　關子嶺

---

[77] 林獻堂著，許雪姬、何義麟編：《灌園先生日記（一）》（臺北：中央研究院臺灣史研究所籌備處，2001），頁 2-17。

[78] 林獻堂著，許雪姬主編：《灌園先生日記（一）：一九二七年》（臺北：中央研究院臺灣史研究所籌備處，中央研究院近代史研究所，2000），頁 ii。

洗心館之雇人林水性請為余寫真作紀念，余與成龍共撮一片。
八時餘兩人上山散步。九時天成、關關以電話來請余今日往
鹽水，明日同往嘉義，余有預定，不能如其所請。十一時到
吉田屋受日吉抹咽喉。

二時餘柳仔林黃源將歸去，來相辭。周古來與成龍下棋，各
有勝負。四時餘大東陳逢源電話，謂東新賣二百株，價二十
五円七十錢；又言後場價格稍降，日糖二新千株，欲賣否？
許以明日前場之時價賣出，大約十九円三四十錢。

夜聽館主吳江漢之留聲機器音。盲者新扶來為余按摩。九時
降雨頗大。[79]

　　據日記內容記載，盲按摩師陳新扶不僅會按摩，且能唱歌並與日記
主人談論日常生活細節瑣事以及小說。

昭和六年三月十八日　舊正月三十日　水曜日　雨／陰

關子嶺

昨日上山由二百八十餘級之石堦而登，去年登此石堦至第二
段之半則頭眩不能上，昨日登此石堦而頭不眩，頗以為喜，
預定今朝再試一回。降雨不休，天氣驟冷，偃臥被中觀成龍
與江漢下棋。十時接葉榮鐘之電話，乃知係內子囑其傳言，
因本日降雨，往嘉義之約延期。十一時天成電話來問，以延
期明日告之。

咽喉不快稍愈，午後再受吉田屋主人日吉抹藥。

79　林獻堂著，許雪姬、何義麟編：《灌園先生日記（四）：一九三一年》（臺北：
　　中央研究院臺灣史研究所籌備處，中央研究院近代史研究所，2001）。

夜新扶來按摩並聽其唱歌。[80]

昭和七年九月二十四日　舊八月二十四日　土曜日　晴／雨

關子嶺

本日為第一、第二講習所落成式，兩處講習所計費金萬二千餘円，第二講習所不過美其名而已，實一公共浴場也。新營郡守樂滿金次聞余在此，令林天樞持案內狀來招待，余以足痛辭之。聞本日之落成費千餘円，由嘉義而來之四十台自動車係無料寄附，若合此計之，當在二千円以上。際此不景氣之時，而此費用強制各街庄寄付，實為無理。內台人來受招待者二百餘人，藝旦（日本人）五十餘人。幸今朝不降雨，得遂其半日行樂之願。陳按察、鄭沙棠、鄭子江、林天樞、林木根、莊啟鏞、黃鴻、劉明哲、賴雨若陸續來訪，使余半日煩忙。

今朝成龍歸去，因明日一新會主催兒童親愛【會】，欲往幫忙也。

晚餐後女主人黃氏絹來訴其夫吳江漢好嫖賭，對她虐待使其不能堪，非至離婚不可。新扶來按摩亦言他用盡勸勉之言，不能挽回江漢放蕩之心，余聞之亦為之淒然。[81]

---

80 林獻堂著，許雪姬、何義麟編：《灌園先生日記（四）：一九三一年》（臺北：中央研究院臺灣史研究所籌備處，中央研究院近代史研究所，2001）。

81 林獻堂著，許雪姬、周婉窈編：《灌園先生日記（五）：一九三二年》（臺北：中央研究院臺灣史研究所籌備處，中央研究院近代史研究所，2003）。

林獻堂先生於昭和 14 年（1939AD）9 月 26 日因滑到而足骨折斷，[82]痊癒後常因腿傷舊疾而受坐骨神經痛之苦，每日借助按摩治療，在日記中有完整記載，其治療過程記錄如下：

　　昭和十五年一月四日，舊十一月二十五日　木曜日　晴　三十九度

　　山本二時餘來按摩，去年二十七回，本年為初回。他教余不用人扶，攜杖自行。折骨之處並無疼痛，惟膝不能受力，腿頭根痛而已，按摩後乃入浴。[83]

　　昭和十五年一月六日，舊十一月二十七日　土曜日　晴　四十五度

　　三時餘入浴後，使河野看護婦調足，因膝硬化不能彎曲，去三十日山本按摩時後足根離臀八寸，四日七寸二分，五日六寸，今日五寸五分，漸次復元（原），但調之過急，以致膝腫，腿頭之根（筋）亦痛。

　　山本第三回按摩。[84]

按摩之後，膝部的活動度明顯加大，但是因為按摩師調之過急反而造成膝部腫痛副作用，昭和 15 年 1 月 7 日至 18 日，病情穩定，日記中都有記載「山本第 xx 回按摩」，1 月 19 日則有疼痛的記載，

　　昭和十五年一月十九日，舊十二月十一日，金曜日　晴　三十

---

82 林獻堂著，許雪姬編：《灌園先生日記（十一）：一九三九年》（臺北：中央研究院臺灣史研究所籌備處，中央研究院近代史研究所，2006），頁 344。

83 林獻堂著，許雪姬、張季琳編：《灌園先生日記（十二）：一九四〇年》（臺北：中央研究院臺灣史研究所籌備處，中央研究院近代史研究所，2006），頁 8。

84 林獻堂著，許雪姬、張季琳編：《灌園先生日記（十二）：一九四〇年》，頁 10。

九度

晚來左腿約有二寸餘長之神經時起微痛，雖山本按摩（第十六回）亦不能止，七時餘乃塗湧泉膏。水龍來謂明日將取萬有會社之止神經痛之藥來與余云。[85]

山本除了幫林獻堂按摩外，也教其復健動作，腿痛之病仍未完全改善，只好求助於驗方與新藥物治療，日記中對於所服用藥物則有詳細的記錄，

昭和十五年一月二十六日，舊十二月十八日，金曜日　晴三十四度

昨日山本教余練習登梯，近午看護婦河野久惠扶余登樓，上去不感困難，攀龍、珠如俱外出不在，在樓前憑眺數分間，下來則頗不容易。

四時餘入浴，山本第二十回按摩。

水龍七時餘取萬有製藥會社所製之ギトーザン，能止神經痛，請余服之，乃服二錠。[86]

新藥服用之後的效用是「腰痛不再起矣」，日記主人如何判定按摩療程何時結束？林獻堂先生自有其判定標準，日記中是這樣記錄的：

昭和十五年一月三十日，舊十二月二十二日，火曜日　晴　三十五度

山本按摩至本日計二十四回，金七十二円，如數與之，又與之御禮五円。而按摩遂從此休止，因足趾後方離臀僅有五六

---

85 林獻堂著，許雪姬、張季琳編：《灌園先生日記（十二）：一九四〇年》，頁28。
86 林獻堂著，許雪姬、張季琳編：《灌園先生日記（十二）：一九四〇年》，頁38。

分而已。[87]

以「足趾後方離臀僅五六分而已」為判定標準，可見日記主人具有基本的醫學常識，瞭解按摩的治療效果，除了按摩師有事無法前來，每日定時接受按摩治療。按摩的費用是每次三円，以當時物價而言是非常昂貴，並非一般市景小民負擔得起。而付款方式是治療療程結束後結算，並致謝禮五圓，可見當時對於按摩師的尊敬。

日記中對於當時按摩師執業要件也有記載，雖然只是短短幾句，卻提供非常重要的線索：

昭和十八年十一月十一日　舊十月十四日　木曜日

陳木清，盲人也，年十九，住於外坑口，本年三月卒業按摩講習所，九時第一次來為余按摩。[88]

可見當時的按摩師多是盲人，且畢業於按摩講習所或盲啞學校，服務方式是到府服務。

小結

臺灣早期的特殊教育是以視覺障礙教育為開端，初期是由民間的善心人士或者是由西洋傳教士基於宗教大愛來協助。英國牧師甘為霖在明治 24 年（1891AD）10 月創辦「青盲學」是為台灣第一個盲人特殊教育機構，教授盲人點字，以及做手工藝以謀生。甘為霖牧師大力推廣盲人點字，雖然是為傳播福音之用，但也開啟視障者知識的大門，使他們脫離文盲，可以用點字來閱讀與書寫。

---

[87] 林獻堂著，許雪姬、張季琳編：《灌園先生日記（十二）：一九四〇年》，頁 44。
[88] 林獻堂著，許雪姬編：《灌園先生日記（十五）：一九四三年》（臺北：中央研究院臺灣史研究所籌備處，中央研究院近代史研究所，2008）。

　　日治時期，隨著殖民政府政局與教育方針的改變，特殊教育在不同時期也出現不同的樣貌。明治時期，日本政府指定臺南慈惠院附設教育部接辦「青盲學」，並將學校移到台南文昌祠（今岳帝廟），改稱「盲人教育部」。明治 39 年（1906AD）盲人教育部改設為盲啞學校。青盲學畢業的優秀盲生郭主恩等人，到東京都盲學校就讀，回臺後擔任教職，離開教職後，也能獨當一面而自行開業。臺灣視障者的養護工作，由單純的救濟養護，正式進入教育體制之中，教以知識並且授以謀生之技能，使其自力更生。

　　大正時期，政局漸趨穩定，日本政府開始致力於文化與教育，大正 8 年（1919AD）1 月「臺灣教育令」公布後，才確立了臺灣人的教育制度。大正 11 年（1922AD）「臺灣公立盲啞學校官制」、「臺灣公立盲啞學校規則」發布，所有的臺南慈惠院的學生及盲啞教育設施機關全部改為公立，盲啞教育正式納入教育體系之中。公立學校有較多的經費來建設校舍以及師資的訓練，當時尚未有義務教育，臺灣社會一般人受教育程度普遍偏低，公學校自動入學就讀率不高，必須各學校之教員、學務委員各分戶勸誘，使其子弟就學。臺籍盲童由於特殊教育政策的關係，有機會進入學校接受較高的教育，盲校的學制相當於中學校畢業（表 3.8），和同齡臺籍學童相比，他們的教育程度較高。盲啞學校除了一般科目外，並在盲生部技藝科增加針治和西洋按摩（massage）。大正 13 年（1924AD）3 月「按摩營業取締規則」、「鍼術、灸術取締規則」頒布，從事針術與灸術者必須「通過知事、廳長所實施的鍼術、灸術考試者，畢業於指定學校、講習所者或是依內務省令鍼術、灸術營業取規則而持有資格者」，臺北州立盲啞學校、臺南州立盲啞學校被指定為合格的鍼術、灸術、按摩術訓練學校。日本政府有計畫地透過教育體系、國家考試與執業要件三個環節配合，設定進入相關行業的門檻，盲啞學校按照職業訓練的目的

來挑選合適的學生，等同於視障者的職業教育所。根據昭和 5 年
（1930AD）的統計，臺灣人從事按摩者有 310 人，西洋按摩有 35 人，
柔道整復有 1 人，接骨有 13 人，鍼術 57 人，灸術 40 人。[89]而到昭和 15
年（1940AD）的統計，從事按摩者有 587 人，西洋按摩有 213 人，柔道
整復有 41 人，接骨有 15 人，針術 325 人，灸術 308 人。[90]十年間，透過
教考訓用的制度，按摩與針灸業者都逐年增加，視障者也因受教育而學
有專長，按摩工作成為盲人收入較多的行業，不必仰賴社會救濟而能自
力更生。

---

[89] 佐藤會哲：《臺灣衛生年鑑》（台北市：台衛新報社，1932），頁 104-105。
[90] 丸山芳登：《日本領時代に遺した臺灣の醫事衛生業績》，頁 113。

第四章、國民政府時期
（1945AD~2008AD）視障按摩
業的教考訓用

　　臺灣光復後百廢待舉，國民政府來臺初期，盲校仍延續舊制，教授按摩、針灸、電療，盲校畢業生即領有按摩執照，從事按摩工作，而領有日治時期按摩、針灸許可證者，仍可自行開業從事「三療」的工作，其主管機關是衛生局。[1]民國 57 年（1968AD）視障教育有重大變革，除了盲校從盲啞學校獨立之外，另一種視覺障礙兒童教育安置方式「混合教育計畫」正興起。[2]

第一節　民國 34～56 年（1945AD～1967AD）視障教育狀況

　　這一時期盲啞學校開辦時間，以南部的台南最早，其次是北部的臺北，最後是中部的臺中。所有盲生都是以住宿式的方式辦理。

一、省立盲啞學校

（一）臺南地區

　　民國 34 年（1945AD）抗戰結束，10 月 25 日臺灣省長公署派員接收臺南州立盲啞學校，分設普通科、技藝科、專修科等三科。民國 35 年（1946AD）2 月改稱為「臺灣省立臺南盲啞學校」。改學制，分設初等部修業六年、中等部修業三年，成人部修業二年。民國 39 年（1950AD）又改為幼稚部、小學部、初中職業部。民國 51 年（1962AD）8 月改稱為「省立臺南盲聾學校」。

（二）臺北地區

　　民國 34 年（1945AD）臺灣省長公署派員接收臺北州立臺北盲啞學

---

[1] 鄭龍雄：《九十年來臺北啟明史》（台北：自行出版，2006）。
[2] 潘德仁：〈世界盲教育史〉，《特殊教育叢書》5（1986），頁 157-158，173-188。

校，改名為「臺灣省立臺北盲啞學校」，民國 51 年（1962AD）8 月改稱
為「省立臺北盲聾學校」，民國 56 年（1967AD）臺北市升格為院轄市，
又改名為「臺北市立盲聾學校」。

（三）臺中地區

民國 45 年（1956AD）臺南盲啞學校在臺中豐原設立分部，民國 49
年（1960AD）奉臺灣省教育廳令獨立設校為「臺灣省立豐原盲啞學校」。
民國 51 年（1962AD）改稱為「臺灣省立豐原盲聾學校」。

此時期視覺障礙學生小學部之課程仍以一般「國民學校」教材為主，
修習國語、算術、歷史、地理、自然、公民，唱遊、音樂、說話、珠算，
特殊課程為「點字訓練」；初中職業部課程與初中職業學校相同，修習國
文、歷史、公民、地理、數學、生理衛生、理化、博物、英文、體育、
作文、音樂、說話。職業課程分為理療與音樂兩類，其中理療又分為針
術、灸術、按摩、電氣治療等。[3]

二、私立盲教職訓與福利機構

（一）私立惠明學校

該校於民國 45 年（1956AD），由基督教兒童福利基金會在台北市創
設，定名為「盲童育幼院」，後因場地狹隘，經基督教兒童福利基金會駐
台會長 Glen D. Graber 大力奔走，於民國 49 年（1960AD）在臺中縣大
雅鄉雅潭路購地建校。民國 50 年（1961AD）改名為「臺中縣盲童育幼
院」並附設「光明盲童學校」，分設幼稚部、小學部、初中部。民國 57 年
（1968AD）起，該校由「西德基督教惠明盲人福利會」接辦，擴大招生

---

[3] 教育部，1974。

編制，充實設備，並改稱為「臺中縣私立惠明盲童育幼院」。[4]該育幼院服務對象為 6 歲至 18 歲之盲童以及盲多重障礙學童。全體盲童均住宿，並施予完整的國民教育與生活訓練，培養獨立生活的能力，發揮殘而不廢的精神。

（二）私立臺灣盲人重建院

私立臺灣盲人重建院位於臺北縣新莊市中正路，民國 42 年（1953AD）在美國海外盲人基金會支助下成立，民國 47 年（1958AD）年成為政府立案慈善機構，民國 49 年（1960AD）辦理財團法人登記，由曾文雄先生擔任院長。[5]其宗旨在於協助盲人習得一技之長以自力更生，貢獻一己之力，造福社會。該院以盲人職業重建為主。凡年滿 16 歲至 40 歲，無不良嗜好及傳染病皆可入學，接受為期二年的職業訓練。第一年著重基本訓練，課程包括： 日常生活訓練，定向行動訓練、點字、感覺訓練等。第二年著重職業技能訓練，非按摩業工商班教授機械常識、工作分析、工廠安全與實習。結業後，該院依其社會適應能力及工作表現，予以輔導就業。按摩班則教授按摩技術，結業後參加按摩技術士檢定考試，並輔導就業。受訓期間所有費用全免，學生一律住校。

（三）花蓮殘盲女子教養院（畢士大）

花蓮殘盲女子教養院，位於花蓮市民權八街，成立於民國 44 年（1955AD）。其宗旨在於收容視覺障礙、小兒麻痺及其他障礙女童，給予國民教育及手工藝訓練，使之能自力更生。該教養院服務的對象為年滿 5 歲至 15 歲以下之女性生理障礙兒童，全體障礙兒童均住宿該院，接受妥善的復健與中文打字、編織、刺繡、縫紉等技藝訓練，並至鄰近國

---

4 潘德仁：〈世界盲教育史〉，《特殊教育叢書》5（1986），頁 157-158，173-188。
5 金琳：〈臺灣盲人重建院〉，《健康世界》（2003），頁 36-37。

民中、小學接受基本的國民教育。上、下學由院方專車接送，中午派人送餐。

（四）慕光盲人重建中心

　　慕光盲人重建中心，位於宜蘭縣冬山鄉冬山路，成立於民國 48 年（1959AD），為眼科醫師陳五福博士所創辦。其宗旨有三：1. 提供良好的學習環境，幫助視覺障礙青年獲得生活與職業的技能，養成正確的信仰與人生觀。2. 促進社會大眾對盲人的瞭解與接納；3. 配合政府推行盲人福利更生工作，切實服務盲胞。該中心以盲人重建工作為主。凡年滿 15 歲至 40 歲且無傳染病或精神病的視覺障礙同胞皆可申請入學。課程分初級班與高級班兩個階段，初級班著重生活適應訓練，課程包括：點字、生活訓練、定向行動、公民、音樂、體育等。高級班著重職業陶冶與技能訓練。課程以按摩技術及相關學科，如：按摩學、解剖學、復健醫學、外國語。修業年限各為一年，修畢初級班成績及格者可直升高級班，結業後可參加全國技術士技能檢定，取得按摩師資格。

　　以上四所私立盲人職訓與福利機構，除陳五福醫師師法史懷哲精神，以眼科診所收入，維持慕光重建中心營運外，其餘三所皆受外國不同教會所支持。此時期視障者的職業教育是以按摩技術及相關學科為主，畢業後參加工會並取得按摩師資格。

第二節　民國 56 年（1967AD）
新《醫師法》對視障按摩業的影響

　　二次世界大戰後，由於政權更替，使得臺灣的醫療陷入混亂的局面，舊「醫師法」於民國 32 年（1943AD）9 月 22 日公布實施，由於此法藉著中西醫在法律上的平等，將西醫條例和中醫條例用政治協調，以湊合

方式在立法條文呈現。因此有科學與玄學混合的法律之譏，更嚴重的是沒有針對非醫師執行醫療業務明文做出是違法的規定。民國 37 年（1948AD）雖小幅修正，僅於第 26 條規定：「醫師為領有醫師證明書，或未加醫師公會而自行開業」，對非醫師之行醫行為（密醫行為）反而沒有處罰規定。根據學者莊永明研究指出造成密醫的原因，和當時的社會現象有著密切的關係，主要有四[6]：（一）當時合法醫師都集中在都會區，或人口密集處，鄉村與偏遠地區缺乏合格的醫師開業，為了避免無醫師村的出現，因此默許無照醫師營業。（二）大批退除役軍醫在民間行醫，他們有醫療經驗，但對醫學的理論荒廢太久，所以醫師資格考試一直無法通過，如果嚴加取締勢必影響他們的生機，只好放任。（三）齒模工人不具牙醫身份，卻從事齒科工作，雖然無照從事醫療行為，但為求保障自己的工作，而到立法院請願，要求讓他們得以代用醫師，無異行醫。（四）助產士，在家等待、出門接生如同自由業者，難以規範管理。

　　以經驗醫學作為國民醫療，不僅無助於人的健康和生命，對醫權也沒有保障，為了消滅密醫，修訂《醫師法》成了醫界人士的共識。民國56 年（1967AD）《醫師法》首次全面修正時，第 28 條規定：「未取得合法醫師資格，擅自執行醫療業務者，處一年以上三年以下有期徒刑，得並科兩千元以上五千元以下罰金，其所使用之藥械沒收之。」對於密醫行為採取刑事責任處罰之嚴格管制態度。在《醫師法》對於非醫師從事醫療行為採取重罰的前提下，不具醫師或中醫師或物理治療師資格者僅得從事非醫療行為，而按摩、針灸、電療、接骨、推拿等行為是否為醫療行為，則由衛生署以行政函釋做通案認定。經衛生署認定為非醫療行為者，衛生主管機關即不以醫師法相繩，意謂在法律上，不具醫師資格

6　莊永明：《臺灣醫療史：以臺大醫院為主軸》，頁 523-529。

之業者得憑藉相關技術營生，但形式上不得對外宣稱具有任何療效。

一、視障按摩保障條款

　　早在新《醫師法》修正之前，民國 42 年（1953AD）2 月 12 日臺灣省政府以府秘法字第 15526 號，廢止日據時期所頒布的「按摩術營業取締規則」與「針術灸術營業取締規則」。臺灣省政府社會處並於民國 44 年（1955AD）3 月 11 日，以社一字第 5248 號，將民國 41 年（1952AD）3 月 11 日所頒定的「臺灣省工人團體分業補充表」業別欄所列「針灸按摩業」修正為「按摩業」，而且在範圍欄修正為「從事按摩之工人屬之」，把按摩業定位為「工人階級」。並於民國 46 年（1957AD）制定《臺灣省各縣市按摩業管理規則》，第 2 條中明定：「從事按摩業者，須雙目失明」，以法令規定特別保護在勞動市場中處於極劣勢地位的視覺障礙者的工作機會。按摩業者應具資格，始可從事職業，要具有盲聾學校理療科或按摩科畢業證明文件始可請領許可證執業。不得設置或使用醫療藥物，或執行針灸、關節脫臼整復術，或其他類似醫療行為，但在民國 46 年（1957AD）10 月 23 日以前執業者不在此限。縣市衛生主管機關，每年至少應舉辦按摩業者身體檢查一次。[7]

　　民國 56 年《醫師法》修正公布，並於民國 64 年（1975AD）實施。經衛生署認定針灸、理療按摩為醫療行為，視障者非醫師，故無法執行日治時期所得施行針灸與電療行為，只能從事非醫療性之按摩，因此盲校也停止此部分之教學。

　　民國 69 年（1980AD）《殘障福利法》制定時，將視障按摩保留規定於第 18 條規定：「非本法所稱視覺殘障者，不得從事按摩業。但醫護人員以按摩為病患治療者，不在此限。」賦予視障按摩保留制度之法律基

---

[7] 臺灣民聲日報，1966 年 8 月 16 日，2 版。

礎。且於但書中開放給有醫療證照之物理治療人員，以後《殘障福利法》陸續修改並更名為《身心障礙者保護法》以及《身心障礙者權益保障法》均延續此項規定。

　　非視覺障礙者從事按摩業者，依《身心障礙者保護法》第 65 條之規定，處以新臺幣一萬元以上五萬元以下之罰鍰，於營業場所內發生者，另處負責人或所有人新臺幣兩萬元以上十萬元以下之罰鍰，並限期令其改善，屆期未改善者，按次處罰。

二、按摩的新定義

　　民國 71 年（1982AD）7 月 19 日行政院衛生署根據《殘障福利法》授權，訂定發布《按摩業管理規則》，該規則第 4 條：「按摩業之手技，包括：摩擦、揉捏、震顫、壓迫、扣打、運動及其他特殊手技」，按摩的理論脈絡被抽離，只剩一套手技。同年，臺灣省政府衛生處 71 衛一字第 58539 號函，以按摩對象來區分一般按摩與病理按摩，認為一般按摩業者之對象應是正常人（健康者），而病理按摩的對象則是病人。視障按摩相關法令雖經修正，但條文內容及按摩之定義一直沿用。

三、視障按摩業的主管機關

　　民國 46 年（1957AD）《按摩業管理規則》所指定按摩業之主管機關為縣市警察局，民國 71 年（1982AD）依《殘障福利法》第 18 條第 2 項修定之《按摩業管理規則》第 3 條，將按摩業之主管機關更改，在中央為內政部，省（市）為省（市）政府為社會處（局）；縣（市）為縣（市）政府。

四、執業許可要件

　　民國 71 年（1982AD）之前，尚未有按摩技術士考試機制，視障者

只要是盲啞學校、重建院畢業，加入按摩工會即領有按摩工作人員證可以執業（附錄二）。民國71年之後，根據《按摩業管理規則》第5條規定：「從事按摩業者，以合於本法施行細則所定之視覺殘障，經按摩技術士技能檢定合格，並領有執業許可證者方得執業。」[8]明定視覺障礙者從事按摩業，必須持有身心障礙手冊，並取得按摩技術士之資格，再由當地主管機關核發按摩執業許可證，始得執業（附錄二）。

透過考照確實能讓進入該行業者有一定的準備，有助於專業能力之提升。視障按摩修法後的執業許可性質，並無教育養成之資格限制，國中畢業即可報考丙級，只要取得丙級按摩技術士證，並申請執業許可證即可執業。擁有乙級按摩技術士證者一般都已具有執業登記許可證，所以，證照只是單純的「能力證明」。

第三節　民國57年（1968AD）之後視覺障礙教育的變革

民國57年（1968AD）是視障教育的分水嶺，除了實施盲、聾分校，盲校獨立之外，同時將政府遷台之前各省所沿用之名稱「盲校」改稱為「啟明」學校。[9]我國另一種視覺障礙兒童教育安置方式--混合教育計畫正興起。[10]啟明學校之經營並無顯著變革，學校編制與經費，因主管行政機關不同而有差異。三所視覺障礙特殊學校明顯的差異是台北啟明學校高職部設有普通科，為學生升大專做準備；台中啟明學校設有商業補校招收明眼學生；惠明學校設有盲多重障礙班及智能不足兒童托育中心。

8　民國71年7月19日內政部行政院衛生署發布。
9　張訓誥：《特殊教育的省思》（台北：五南，1988），頁3-10，15。
10　潘德仁：〈世界盲教育史〉，《特殊教育叢書》5（1986），頁157-158，173-188。

一、融合教育（inclusive education）

民國 56 年（1967）台灣省教育廳公佈「臺灣省試辦盲生就讀國民學校計畫」並開始實施視覺障礙兒童混合教育。此後，住宿式與混合式這兩種教育安置方式同時並存，視覺障礙學生可以依其狀況，選擇教育安置的方式。推行視覺障礙兒童混合教育有四個考慮，第一：視覺障兒童在住宿式的學校中，離家背景又缺乏親人的照顧；第二：盲童若安置在普通學校，與明學生在一起，明眼兒童可傳遞所見之訊息，可增加盲童的見聞；第三：盲童自小與明眼兒童在一起學習與成長，可增加明眼學生對盲生的接納程度，同時也可增進盲生適應主流社會的能力；第四：將視覺障礙學生安置在離家最近的學校就讀，可以增加視覺障礙學生的就學率。[11]

實施視覺障礙兒童混合教育之後，由於各縣市政府的支持、學校人員的努力、視覺障礙巡迴輔導員無悔的付出，使得實施成效斐然。民國 58 年（1969AD）曾接受美國海外盲人基金會的評鑑，被列為亞洲受補助各國中，實施混合計畫最傑出的國家。西德、日本、韓國、泰國、阿拉伯等國之視覺障礙教育專家慕名前來參觀訪問此項教育計畫。因此台灣省政府於民國 58 年，將此一計畫由「試辦」改為「長期計畫」，並於民國 59 年（1970AD）公佈「臺灣省盲生就讀國民小學實施計畫」，民國 62 年（1973AD）考量盲生就讀範圍由國民小學延伸至國民中學，另頒發「臺灣省視覺障礙兒童混合教育計畫實施要點」，在臺灣省立臺南師範專科學校設立「臺灣省視覺障礙兒童混合教育計畫師資訓練班」，作為培育視覺障礙學生教學師資之機構。迄今，視覺障礙兒童混合計畫，仍然繼續辦理，但由於社會、人事的變遷，初期得來不易的殊榮，似已不復見。民

---

11 王亦榮：〈台灣省視覺障礙兒童混和教育計畫巡迴輔導問題及其因應之研究-視障教育巡迴輔導員的觀點〉，《特殊教育與復健學報》5（1997），頁 97-124。

國 86 年（1997AD）《特殊教育法》修正通過後，強調特殊教育工作人員專業化、個別化教育計畫強制化；更強調以專業團隊服務方式，規劃普通班的特教服務，開始朝向融合教育發展。融合教育的目的是使普通生與身心障礙學生皆能在普通班學習，可培養學生的人際關係、同理心，並達到人權教育與生命教育的目標。同時去除負面標記的影響，增加對於差異性的接受度，且有助於學生間彼此學習與互動，使兩者皆受益。同年，教育部於臺中啟明設置視障巡迴輔導班，開始高中職以下全面實施視障生巡迴輔導政策。

二、臺北市立啟明學校

民國 64 年（1975AD）7 月盲聾分校，另在臺北市敦化北路原「粹剛國小」舊址，另行設立「臺北市立啟明學校」，原市立盲聾學校的盲生劃歸本校。經多年發展，因學生人數逐年增加，校地不敷使用，於民國 82 年（1993AD）遷校於台北市天母忠誠路二段 207 巷 1 號。設有國小部、國中部、與高職部。國民教育階段招收 6 足歲至未滿 18 歲的學生，高級職業教育階段招收 15 歲至未滿 22 足歲之國民中學畢業或同等學力者。小學部，除一般小學課程外，另教授點字、定向行動與生活訓練。國中部，除授予一般國中課程外，另加定向行動、初等按摩與綜合工場實習。高職部分復健按摩科與普通科，除國文等共同必修課程外；復健按摩科授予病理概論、指壓概論……復健按摩實習；普通科授予英文、歷史、地理……等。[12]

三、臺灣省立臺中啟明學校

民國 57 年（1968AD）教育當局鑑於盲生與聾生生理障礙不同，個別差異大，教育方式互異，「臺灣省立豐原盲聾學校」遂實施盲聾分校，

---

[12] 台北啟明，民 80。

聲生留在原校，改名為「臺灣省立啟聰學校」，而盲生部分則合併臺南與豐原盲聾學校的盲生，於臺中縣后里鄉三豐路三段 936 號另設「臺灣省立臺中啟明學校」。設有：（一）小學部：招收 6 足歲至 12 足歲兒童；（二）國中部：招收 12 足歲至 20 足歲小學畢業生；（三）高職部：招收 15 足歲至 24 足歲國中畢業或同等學力者。國中、小階段授予一般國中小學課程外，另外加授點字、定向行動與日常生活訓練。高職部除一般高職課程外，另授予經穴學、電療、病理學、解剖學等職業學科；木工、綜合樂器、按摩等職業技能訓練。視覺障礙學生就讀該校可依規定申請全公費或半公費。民國 62 年度起附設高級商業補習學校商業經營科，招收國中畢業明眼學生。民國 80 年（1991AD）增設幼稚部。[13]

四、私立惠明學校

民國 61 年（1972AD）6 月 21 日「光明盲童學校」獲臺灣省政府教育廳立案成九年一貫制學校，定名為「私立惠明學校」。設有（一）盲生部：招收 6 足歲至 16 足歲視覺障礙，智能正常的學童，分別安置國小、國中各年級，施予一般國小、國中課程；（二）盲多重障礙部：招收 6 足歲至 18 足歲，除有視覺障礙外另兼具其他一種以上障礙的學童，施予適性教育與訓練。（三）智能不足兒童日間托育中心：招收台中縣大雅鄉及鄰近鄉鎮 6 足歲至 18 足歲無法在一般國小啟智班就讀之重度智能不足學童，施予啟智教育與訓練。[14]全體盲童均住宿該院，並在私立惠明學校盲生部或盲多重障礙部接受適性教育與訓練。

五、高雄市立楠梓特殊學校

為因應 1990 年代高雄市內並無適性之教學資源給予有需要的啟聰、

---

13 台中啟明，民 82。
14 惠明學校，民 81。

啟明類學童，基於提供身心障礙者充分的就學機會和特殊教育所需資源，高雄市政府於民國 83 年（1994AD）籌設綜合性特殊學校「高雄市立楠梓特殊學校」，校址位於高雄市楠梓區德民路 211 號。除了學前巡迴班、巡迴班、國小部、國中部之外，高職綜合職能科招收智能障礙學生，高職綜合科招收聽障學生，高職復健按摩科招收視覺障礙學生。高職復健按摩科課程包含一般科目、專業及實習科目以及校訂選修，加強輔導學生考取按摩等相關證照，並培養學生職二專長。[15]

　　綜合而言，視覺障礙者的技職訓練仍以按摩為主。啟明盲校已設立高中部與高職部，在高職部按摩科授予病理概論、指壓概論、經穴學、電療、病理學、解剖學等專業學科；以及按摩職業技能訓練。九〇年代之後，融合教育成為身心障礙學生教育的主流，兩所啟明學校的學制也多所改變（表 4.1），以符合視障生就讀一般學校或繼續升大學，以及視多障學生社會適應的需求。例如台中市立啟明學校於民國 91 年（2002AD）8 月增設實用技能科，提供視多障學生的日常生活技能、社會適應能力、簡易工作技能等訓練。

表 4.1、啟明學校學制

	台中市立啟明學校	台北市立啟明學校
分科	小學部、國中部、高中部（復健按摩科、實用技能科）	國小班、國中部、高職部（復健按摩科、普通科）
入學資格	1. 小學部：6-12 歲視障或視多障生 2. 國中部：12-18 歲之視障或視多障生 3. 高職部：21 歲以下之視障、視多障及智障生	1. 國民教育階段招收 6-18 歲視障或視多障學生 2. 高職部：招收 15- 22 歲學生視障或視多障學生

---

[15] 高雄市立楠梓特殊學校（2017）http://www.nzsmr.kh.edu.tw/。上網日期 2017.08.09。

| 教學內容 | 1. 低年級：生活自理、點字摸讀訓練
2. 中高年級：獨立學習之養成
3. 國中部：適性學習需求，課程中加入職業陶冶，試探職業性向。
4. 復健按摩科：除按;摩外，增授指壓與民俗療法。
5. 實用技能科（91 年 8 月增設）：提供日常生活技能、社會適應能力、簡易工作技能等訓練。 | 1. 國小班：一般小學課程外，另授點字、定向行動與生活訓練。
2. 國中部：一般國中課程外，另授定向行動、初等按摩與綜合工場實習。
6. 復健按摩科：授予 病理概論、指壓概論等。
5. 普通科：授予英文、歷史、地理等。 |

第四節　視障按摩業的輔導政策

　　儘管我國自民國 69 年（1980AD）公布實施《殘障福利法》保障視障者從事按摩業，但是，市場上仍存在著不以「按摩」為名，實則是相關按摩手法的行為，如：腳底按摩、推拿、SPA、芳香療法、指壓等，亦即法律雖保障視障按摩工作，實則在職場中仍面臨眾多競爭。風氣開放且快速變遷的社會，明眼人公然從事按摩日益猖獗，許多坊間巧立名目的理容、理髮店林立，視障者的工作權益無法受到保障，甚至連基本生活的保障都受到威脅。[16]政府對於按摩業的管理，因為法令變更不定（表4.2），造成按摩定義上及管理上的混淆不清，使得視障按摩的養成、就業等也趨向於混亂的現象。

---

[16] 王育瑜：〈障礙團體設立之按摩中心的充權效用評估-以臺北市為例〉，《臺大社工學刊》9（2004），頁 85-136。

表 4.2、臺灣視障按摩業法令沿革

西元（年）	法規政策與內容
1967 年	《新醫師法》公布，禁止視障者從事針灸、電療等醫療行為。
1973 年	《殘障福利實施辦法草案》：行政院審查時刪除對視障者的職業保障條款，理由為按摩屬物理治療，為醫療項目，非盲人可勝任。
1979 年	《殘障福利實施辦法草案》：立法院審議時將行政院刪除的部分放回，但加上但書：「……但醫護人員以按摩為病人治病者，不在此限」。
1980 年	《殘障福利法》通過，職業保障條款列於第 18 條。
1982 年	行政院衛生署衛署醫字第 393613 號函重申：「一般按摩業者之作業對象是正常人（健康者）」，而復健是利用各種醫療技術幫助病人恢復運動機能，兩者不宜歸屬同一職業。
1990 年	《殘障福利法》全文修正，原第 18 條改列為第 19 條，並於第 27 條增訂罰則。
1993 年	衛生署以衛署醫字第 82075656 號函於第 2 點中公告：「按摩」不屬於醫療行為，故不納入醫療管理。
1994 年	內政部准許成立「中華民國指壓協會」，視同承認視障按摩業保留範圍不及於指壓。[17,18]
1997 年	《殘障福利法》全文修正，更名為《身心障礙者保護法》，保障條款改列為第 37 條，視障者除按摩外，經專業訓練並取得資格者，亦可從事「理療按摩」工作。
1997 年	為免爭議，衛生署將 1993 年第 82075656 號函中「按摩」兩字刪除。
2007 年	《身心障礙者保護法》全文修正 ，更名為《身心障礙者權益保障法》，保障條款改列為第 46 條，罰則改列第 98 條。

---

[17] 孫迺翊：《視障按摩業保留解除後之法治因應初探》（台北：政治大學，2009），頁 331-380。

[18] 孫迺翊、張桐銳：《按摩業開放後管理之法治建構規劃》（台北：行政院勞委會職訓局委託研究，2010）。計畫案號：0980120688。

2008 年	作成大法官釋字第 649 號解釋，視障者之職業保障條款違憲。
2011 年	對視障者之按摩職業保留失其效力。
2011 年	《身心障礙者權益保障法》修正公布。

一、視障按摩養成政策

專業技術與知識的取得，是透過學習與練習，涉及從業人員之養成問題。日治時期，盲啞學校採用的是「隔離」教育，集中管理的教育目的是教授生活所需要的特殊技能、國民道德涵養，使其自力更生，不會成為社會的負擔，[19]職業教育與就業準備是其教育重點，盲啞學校被指定為合格的鍼術、灸術、按摩術訓練學校，因此盲校相關師資、課程、設備、資源的配置皆以培育此職類人才而規劃。[20]視障按摩屬於衛生醫療行為範疇，法律給予規範，設定一定之門檻，包括從業人員必須通過國家考試，參加考試者有一定之學歷要求，教育體系設有相關學校提供養成教育；國家考試及格後必須向主管機關登錄，加入公會始得營業。教育、考試、執業三個環節配合，奠定視障者從事醫療行為之基本架構。

國民政府時期，啟明學校所採用者是以美國特教體系制度為主，多以醫學的觀點來解釋殘障的存在。特殊教育所謂「回歸主流」、「融合教育」等理念，主要著眼於身心障礙學生「就學」的問題，障礙學生的就業問題比較不是特殊教育主要關心的議題。以致於畢業後的生活和工作問題，必須由社會工作或就業輔導員來接手。[21]視障按摩教育養成與日治時期落差甚大，目前既存的視障按摩職業養成機構有臺北市立啟明學校、臺中市立啟明學校、財團法人臺灣盲人重建院，以及財團法人宜蘭縣私

---

[19] 大河原欽吾：《盲教育概論》，頁 261。
[20] 臺灣總督府內務局文教課：《學事第二十二年報》，頁 346。
[21] 邱大昕：〈被忽略的歷史事實：從視障者工作演變看大法官釋字第六四九號解釋〉，《社會政策與社會工作學刊》13.2（2009），頁 55-86。

立慕光盲人重建中心、中華民國無障礙科技發展協會、伊甸社會福利基金會、財團法人愛盲基金會（附錄一）。大致而言，先天 18 歲以前失明者，可就讀啟明學校之復健按摩科，而獲得按摩職業訓練。至於後天 18 歲以後失明者，於 80 年代以前，都是以二年制、住宿型方式，在盲人重建院內進行視障按摩職業訓練養成課程，以新莊臺灣盲人重建院為例，第一年著重基本訓練，課程包括：日常生活訓練，定向行動訓練、點字、感覺訓練等。第二年著重職業技能訓練，結業後，輔導參加按摩技術士考試。[22]

民國 86 年（1991AD）《殘障福利法》全文修正，更名為《身心障礙者保護法》，第 46 條將視障按摩分為「理療按摩」與「一般按摩」兩種，丙級按摩技術士僅能從事一般按摩，乙級按摩技術士除了一般按摩外，經專業訓練並取得資格者，即可從事理療按摩。按摩乙級術科考試內容為四十病例，共分為關節損傷、關節炎、麻痺、神經痛與其他五大類（表 4.3），多是中醫傷科常見的疾病。設置乙級按摩技術士考試的初衷，是希望透過技能考試，提升視障按摩的程度，並可進入中醫醫療院所，從事傷科推拿助理之工作。但是執行上卻有許多的困難，因此「理療按摩」與「一般按摩」僅是名稱差異，教育或勞政部門並未具體規劃差異的教育養成內涵；專業定位上，二者無明確的區隔，且主管機關原本是內政部，後來改為勞委會，並非衛政單位。

---

[22] 金琳：〈臺灣盲人重建院〉，《健康世界》（2003），頁 36-37。

表 4.3、按摩乙級技術士技能檢定術科試題[23]

分類	試題
關節損傷	1. 頸椎退行性變化 2. 腰肌急性扭傷　　3. 慢性腰部損傷 4. 腰椎滑脫　　　5. 第三腰椎橫突過長　6. 腰骶部病變 7. 骶髂關節損傷　8. 腕溝管損傷　9. 膝關節髕下脂肪墊損傷 10. 踝關節急性扭傷　11. 踝溝管損傷　12. 足跟退行性變化
關節炎	13. 腰退行性脊椎炎　14. 強直性脊椎炎 15. 髖關節股關節炎 16. 肩關節周圍炎（五十肩）　17. 肘關節肱骨外上髁炎（網球肘） 18. 肘關節肱骨內上髁炎（學生肘）19. 腕部橈側伸腕肌腱周圍炎 20. 膝關節滑膜炎　21. 踝部跟腱炎 22. 類風濕性關節炎（上肢） 23. 類風濕性關節炎（下肢）
麻痺	24. 臂神經叢麻痺　25. 正中神經麻痺　26. 尺神經麻痺 27. 橈神經麻痺　　28. 腓總神經麻痺　29. 顏面神經麻痺 30. 半身不遂（上肢）31. 半身不遂（下肢）
神經痛	32. 頭病　　　　　33. 三叉神經痛　　34. 肋間神經痛 35. 坐骨神經痛（腰椎間盤突出）　　36. 梨狀肌病變
其他	37. 急性頸部軟組織痙攣（落枕）　　38. 肩頸凝 39. 便秘　　　　40. 失眠

　　為了使視障者具備從事理療按摩之能力與機會，民國 92 年（2003AD）教育部依據「視覺障礙者從事理療按摩資格認定及管理辦法」，經教育經費分配審議委員會第五次會議通過，訂定「鼓勵大學校院開辦視障理療按摩學分班教學」相關設備補助原則，提供購置相關設備經費，鼓勵大學校院開辦視障理療按摩學分班，以加強視覺障礙者從事理療按摩工作之養成教育，補助經費上限為每班新台幣 250 萬元。[24]

　　民國 95 年（2006AD）6 月 1 日勞委會修正「按摩職類乙級技術士

---

23 勞動部勞力發展署技能檢定中心（2017）。
　　https://www.wdasec.gov.tw/wdasecch/index.jsp
24 參台特教字第 0920133062 號令。

技能檢定申請資格」，明定資格如下：「一、取得按摩丙級技術士證後，從事按摩工作三年以上者。二、取得按摩丙級技術士證，且高級中等學校畢業。三、接受按摩學術科專業訓練時數累計 1600 小時以上，且高級中等學校畢業者。四、持有按摩技術士持業許可證，並從事按摩工作 6 年以上者。」臺灣盲人重建院等機構接受職訓局委託，辦理按摩職業重建課程，提供後天失明者約 1,800 小時訓練課程，此外職訓局尚有 800 至 900 小時期較短之委託訓練課程（例如：伊甸社會福利基金會、財團法人愛盲基金會），主要以按摩丙級技術士考照題庫為主。而勞委會補助民間開辦 3～6 個月短期職業訓練班，按摩理論與相關技術上缺乏深厚紮實的訓練，目標只是在考取按摩證照，可以參加工會與健保，按摩淪為救濟政策下的職類。[25]接受訓練者許多是不適合從事按摩的人，結果訓練出有證照而無市場競爭力的按摩師，等於濫用教育與職訓資源，突顯出整體制度的問題。[26]

　　民國 97 年（2008AD）3 月 5 日勞委會合併「視覺障礙者從事理療按摩資格認定及管理辦法」以及「視覺障礙者從事按摩業資格認定及理辦法」而訂定「視覺障礙者從事按摩或理療按摩資格認定及管理辦法」，其中關於理療按摩的相關條文整理如表 4.4：

---

[25] 周美田、周珮琪、李德茂、周立偉：〈從生命教育與重建按討中途失明者從事按摩業〉，《身心障礙研究》16.1（2018），頁 31-45。

[26] 王育瑜：《台灣視障者的職業困境–以按摩業為例的分析》（台北市：國立政治大學社會學研究所碩士論文，1995）。

表 4.4、視覺障礙者從事理療按摩相關條文[27]

條文	內容
第 4 條	第 2 項：理療按摩是指運用按摩手技或其輔助工具，為患者舒緩病痛或維護健康之按摩行為。
第 5 條	第 3 項：理療按摩工作者，得在醫療機構從事理療按摩工作。
第 7 條	從事理療工作之視覺功能障礙者，應檢具下列文件向當地主管機關申請核發理療按摩執業許可證後，始得執業： 1. 國民身分證及依本法核發之身心障礙證明正反面影本。 2. 中央主管機關核發之乙級按摩技術士證。 3. 公立或立案之私立學校修習理療按摩相關專業技術領得之證書，或參加政府機關自行或委託辦理之理療按摩專業訓練領得之證書。
第 12 條	各公、私立醫療機構得轉介領有理療按摩許可證之視覺功能障礙者為其患者提供理療按摩服務，或依本法第 38 條規定進用領有理療按摩執業許可證之視覺功能障礙者從事理療按摩工作。
第 13 條	主管機關應協調教育主管機關加強視覺功能障礙者從事理療按摩工作之養成教育或推廣教育，並得以開設理療按摩學分班次之方式辦理。

　　上開辦法明文規定教育主管機關應加強視障者從事理療按摩之養成教育，並得以開設理療按摩班次之方式辦理，各公、私立醫療機構得轉介領有理療按摩許可證明之視障者為其患者提供理療按摩之服務，或優先進用之。理療按摩之創設，原本是為視障者開啟漸進納入醫療體系大門，而實際上，只有中山醫學院（現為中山醫學大學）曾短期開辦過視障理療按摩學分班。在專業訓練未能真正落實的情形下，政府又放寬理療按摩之認定，視障按摩師得以報考乙級技術士之前的訓練課程時數抵充之，導致理療按摩的層次無法與原有之乙級、丙級技術士明顯區分，造成醫療院所對於視障者能否從事理療有所疑慮，而採取不信任態度。

　　總體而言，法規上雖以目的區分一般按摩與理療按摩，但實際上並

---

[27] 衛署醫字第 0970201322 號，勞職特字第 0970503153 號。

未真正建立理療按摩制度，乙級與丙級技術士的市場價值也無明顯區分。養成教育缺乏大專以上科系配合，無論就視障者個人而言或就視障按摩業整體產業而言，實質上阻礙了專業提升的空間。有意精進技術與知識的視障按摩師，除非能通過大學入學考試進入大學醫學院物理治療系就讀或赴日攻讀理療科，否則在我國現行的教育體系、技術士考試與執業規範下，難有突破乙級按摩技術士的進修管道。

二、「示範按摩中心」設立

為因應視障按摩師職業上的困境，提供按摩業者固定、安全、純正的工作場所，落實《身心障礙者保護法》保障視障者從事按摩工作。民國 89 年（2000AD）勞委會也積極訂定「視覺障礙者就業基金補助示範按摩中心（院）要點」，[28] 補助由直轄市、縣（市）政府、已立案並完成法人登記之視障福利機構、團體、工會，以及按摩職業工會所設置的「示範按摩中心」之開辦費及營運管理費用。從民國 90 年（2001AD）起，障礙團體陸續設立按摩中心，聘用視障者於其中工作，就業形式類似於庇護工場。

障礙團體所設立的按摩中心，本來應是「非營利」性質，且僱用對象應為產能較低的視障者，但是實際運作的精神面卻不符合庇護性就業的本質。據王育瑜（2004）研究障礙團體所設立的按摩中心共有七種模式：（一）基金會（董事長、總管理處、經理、行銷企畫等人員）；（二）執行長、副總幹事、經理、專員以及店長：採公司制度經營，有底薪制；（三）理事會、管理委員會、經理；（四）執行長、行銷企畫人員：無底薪與缺乏管理機制；（五）理事長與按摩師共治：按摩師以公積金方式支應中心各種開銷，協會成立目的在合法申請與取得政府專案補助；（六）

---

[28] 行政院勞工委員會職業訓練局，臺八十九勞職字第 200143 號函訂定發布。

按摩師共治：因所屬障礙團體未獲得補助，乃由按摩師共同接手共治，以公積金方式支應中心各種開銷，按摩師彼此共體時艱。（七）私有化：因未繼續獲得政府補助，經濟情況考量下，不是由按摩師共同接手共治，而是由經濟狀況較佳者接手，而成為經營者。[29]

　　障礙團體按摩中心與傳統按摩院在經營與管理上有明顯的差異。（一）工作環境：改變過去住家兼工作場所、環境簡陋與髒亂的刻版印象；按摩中心為公共場所形象，設置櫃檯人員接待顧客，執業許可證掛在牆上，設置按摩師休息室，工作室中有專門的按摩床，並為顧客準備按摩衣服。塑造視障按摩專業形象與舒適的消費空間以吸引顧客（附錄三）。（二）工作條件：工時縮短，約 6～12 小時，提升了按摩師的生活品質；薪資計算方式多以四六分為主（中心分四，按摩師分六），外加休假、三節與年終回客業績獎金，以及在職訓練課程，提供按摩師較佳的工作環境。（三）員工招募：善用各團體為媒介，將訊息發佈於障礙團體，並由管理者針對技術與應對二方面甄選，而非透過個人人際網絡打聽選擇聘用。（四）公關行銷：傳統按摩院主要是靠口碑建立顧客群，障礙團體因為有政府補助，可以聘請專人文宣與行銷，並且利用其公益形象，應用各種傳播媒介有系統的宣導視障按摩、招攬顧客，包括媒體廣告、宣傳品、按摩券等，方法則較多元。

　　除了工作時間正常、工作環境較有尊嚴安全外，按摩師可以在職進修、利用閒暇兼差，並且享有勞基法的保障等，障礙團體所設立的按摩中心對於剛畢業尚無足夠資本與經驗者，也是較理想的工作環境。加上具公益團體的形象，且裝潢較好，又設在交通便利、市區熱鬧的地方，在市場中較具競爭力，故生意也趨於穩定，而生意穩定也是視障者就業

---

29 王育瑜：〈障礙團體設立之按摩中心的充權效用評估：以台北市為例〉《臺大社工學刊》9（2004），頁 85-136。

時最重要考量的因素。無形中障礙團體所設立的按摩中心漸漸取代由視障者自行經營的「傳統按摩院」，也部分解決視障按摩業的困境。[30]

政府為落實《身心障礙者保護法》保障視障者從事按摩工作，補助障礙團體大量資金，其立意是良善，但是當政策沒有落實與監督，反而造成有圖利障礙團體之嫌，障礙團體成為另類的剝削者，甚至當障礙團體未能獲得補助，或按摩中心經營不善而被迫歇業時，按摩師在轉業困難的情況下，只得回到私人經營的按摩院或按摩小棧工作，再次成為政策下的犧牲者。

第五節　視障按摩業的困境

雖然有研究指出，視障者從事按摩業並非本身的職業性向，所以大部分從事按摩的視障者仍希望透過政府的協助下轉業。[31,32]現代社會環境變化快速，職場也處於急劇變動的情況，視障者從事非按摩類型的職業並不是不可能，但事實上卻是困難重重，他們必須要有較好的視力，以及較多雇用前與雇用後的支持性服務。[33]按摩工作在歷史背景、市場需求、工作性質、地點固定、收入穩定……等因素影響下，對一般有就業意願

---

[30] 王育瑜：〈障礙團體設立之按摩中心的充權效用評估：以台北市為例〉《臺大社工學刊》9（2004），頁 85-136。

[31] 阮芬芳（1997）。《視障者就業現況及未來展望調查研究》。2017 年 9 月 25 日，取自天主教光鹽愛盲服務中心網頁：http://www.blind .org.tw/blind-work-ask.htm

[32] 藍科正：《嘉義市政府 96 年度視覺障礙者就業狀況與需求調查》（嘉義市政府，2007）。

[33] Jang, Y., Wang, Y. T., Lin, M. H. & Shih, K. J. (2013). Predictors of employment outcomes for people with visual impairment in Taiwan: The contribution of disability employments services. *Journal of Visual Impairment & Blindness,* November-December, 469-480.

的視障者而言，是相對理想的工作。

目前多元就學、融合教育成為特教的主流，許多人對於視障者將來的職業發展採取樂觀的看法，認為仍有許多未開發的領域可以發展，然而，僅一味地想盲人還可從事哪些工作等議題，可能仍無法解決視障者之就業困境，就業本來是屬於市場供需的問題，國家政策與法規修定並非核心問題。擁有一份工作可以增加身心障礙者的經濟收入、減少社會孤立、提升心理與生活上的滿意度以及增進公共參與的技巧，身心障礙者就業被視為工作權與社會權的實踐。[34]

一、視障按摩業的工作類型

目前視障按摩工作者的從業類型主要有三種：自營、雇主、受僱者。三種身份有可能重疊，除了單純在按摩院及按摩小棧工作者外，其餘雇主及受僱者同時可能搭配企業進用，例如（一）雇主除在自家按摩院服務外，同時受企業進用；（二）受僱者同時受僱於小棧與企業；或同時受僱於按摩院與企業（表 4.5）。

表 4.5、視障者從業身份類別

自營	雇主	受僱者
個人工作室	自家按摩	按摩小棧
	自家按摩與企業進用	按摩院
		企業進用
		按摩小棧及企業進用
		按摩院及企業進用

薪資計算方面，按摩小棧與按摩院的薪資計算方式可分為兩種，第一種為雇主定額收費，每天向按摩師收固定的費用，並非按量抽成；第

---

34 吳秀照：〈從理論到實踐-身心障礙者就業服務之理念與服務輸送的探討〉，《社區發展季刊》11（2005），頁 104-1116。

二種為按量抽成計酬，為五五對抽（雇主、按摩師各半）、四六抽（雇主分四，按摩師分六）或二八抽（雇主分二，按摩師分八）。按摩工作流程可分為兩種，一為按摩師輪番按摩，也就是排定服務順序，按摩師按照順序服務顧客；二為按摩師按照節數計算，節數較少的人可優先服務下一位顧客。

在按量計酬的計薪方式以及不固定的工作型態下，顧客數量的多寡直接決定薪資，使得部分工作者同時選擇從事兩份按摩工作，以勞力換取更多的收入；此外對視障工作者而言，按摩市場難以預估和掌握，因此在還能夠賺錢的人生階段，按摩工作者就會拼命的自我剝削以增加收入。[35]相對而言，企業進用屬於較友善的工作類型，因為企業進用是按照最低工資來計算工作的時數，並不會產生超時工作的情形，工作者在固定時間前往服務，可以免去等待客人的時間，自己也可安排其他的按摩工作。

二、定額進用的排擠效應

我國自民國 79 年（1990AD）修改《殘障福利法》增加保障障礙者工作權的條文以來，即仿效德、日等國施行「配額模式」的障礙者就業政策，強制僱主有義務定額進用障礙者，本意是要透過國家的法律明文規定，讓障礙者如同一般民眾享有充分的就業權益。

定額進用的主要法源依據為《身心障礙權益保障法》第 38 條：「各級政府機關公立學校及公營事業機構員工總人數在 34 人以上者，進用具有就業能力之身心障礙者人數不得低於員工總人數 3%；私立學校、團體及民營事業機構員工總人數在 67 人以上者，進用具有就業能力之身心障

35 李佩容：《視障按摩工作者的工作狀況與職場健康-以臺北市為例》（台北市：國立臺灣大學公共衛生學院康政策與管理研究所碩士論文，2013）。

礙者人數，不得低於員工總人數 1%，且不得少於一人。」但是未足額進
用的機關逐年上升，尤其是私立機關的部分，許多雇主借由繳納罰金的
方式，以免除法定僱用之義務，更甚者以不法的方式來免除罰金。

（一）公部門

　　相對於私部門，公部門具有引領社會學習的象徵，在定額進用制度
推動上扮演的角色是十分重要的。關於公部門之進用制度的落實狀況，
主要由中央人事最高主管機關行政院人事行政局（簡稱人事局）來主導。
但是並非所有公部門的定額進用都由人事局來監督推動，而只有行政院
所屬機關才受此限制。因此總統府、考試院、監察院、司法院、立法院
及各從屬機關並不受人事局來監督。[36]

　　根據行政院勞工委員會職業訓練局民國 102 年（2013AD）的統計，
我國公部門定額進用身心障礙者的單位數與進用人數均呈現成長趨勢。
就障礙進用人員的屬性而言，肢障者高達 58.7%，其次為聽障者 11.5%，
再其次為重器障礙者 8.2%，反應出目前公部門障礙進用人員，以肢障者、
聽障者與重器障者居多；就障礙等級來看，多數為輕度或中度，少數為
重度或極重度。障礙進用人員的工作職位 40%為職務代理或其他人員，
較偏向於臨時人員的性質，工作條件較缺乏保障。相對而言，公務人員
與教師人員的比例合計約占總數的 1/3，其餘為約聘雇人員或工友等等。
而後者在公部門的職位層級較低、工作保障較不足、工作流動性也可能
較高。[37]公部門無法達到足額進用身心障礙者的主要原因：沒有職缺
（47%）、有職缺，但找不到適當的身心障礙人員（36.9%）、沒有經費增

[36] 趙璟瑄：〈身心障礙者權益保障法定額進用制度之變革與因應〉，《就業安全》
6.2（2007），頁 15-21。
[37] 林昭吟：〈我國公部門身心障礙者定額進用實施之多面向檢視〉，《東吳社會
工作學報》26（2014），頁 47-75。

聘障礙（者 36.9%）、有職缺，但沒有適合身心障礙人員的工作（31.5%）。但是當進用人員數已達法定人數，機關則缺乏自發性的動機再繼續進用更多的障礙者。似乎是落實此項制度的主要動力是罰鍰與行政懲處等作為，一旦缺乏這些措施，此制度是否能被落實或者是看機關首長的態度？

身心障礙者最常使用的進用管道是透過考試分發（42.7%）、公立就業服務單位（19.2%）、透過民間相關團體或機構就服員之管道與網際網路分別為 11.3% 以及 10.7%。關於視障者定額進用之研究，視障者因定額進用政策而進入職場，並不容易融入職場，且不容易被長期僱用。因此定額進用措施雖然短期之內可使大量障礙者受僱於公部門，但其能否在公部門內發揮所長、發展職涯；而公部門用人單位能否妥善運用這群人力，並作為民間單位的表帥，均有待於反身心障礙歧視觀念的建立與積極協助措施的落實。[38]

（二）私部門

定額進用之目的在化解資本主義經濟市場、障礙者無法進入一般職場的危機，讓障礙者能透過法律明文規定，約束雇主確實進用障礙員工。在求職過程中，「視障」被認為是沒有工作能力的個體，雇主寧願聘僱障礙等級較輕，或不受視覺影響的視覺障礙者擔任工作職務。看似全面顧及障礙者工作權益的準則，卻多受惠於肢體障礙者、聽障者或器官障礙者。[39]有時候雇主乾脆讓視障者在一般工作場所從事按摩工作。[40]強制配額得以讓障礙者獲得就業市場的職務，但在不同障礙類別的競爭角逐之

---

[38] 郭峰誠、張恆豪：〈保障還是限制？定額進用政策與視障者的就業困境〉，《臺灣社會研究季刊》83（2011），頁 95-136。

[39] 王育瑜：《身心障礙者定額進用制度之研究報告》（台北市：行政院勞工委員會職業訓練局，2005）。

[40] 郭峰誠、張恆豪：〈保障還是限制？定額進用政策與視障者的就業困境〉，《臺灣社會研究季刊》83（2011），頁 95-136。

後，雇主為了自身的利益，以及避免違反強制配額之規定，反而導致視障者及精神障礙者的就業之路遭到限制。

　　在定額進用的預設下，障礙者的就業不完全以能力為僱用的依據，而是以障礙者的障礙與社會政策規定作為考量，這樣的政策本身也複製了障礙者等同於能力不同於一般人的意識型態。配額模式透過法律，規範雇主聘僱障礙者，不僅侵擾企業聘僱員工的任免權利，以及障礙者工作權歸咎於雇主的責任。[41]障礙者雖然因法律規範得以進入職場，也可能因此背負著特殊管道進用的標籤，使障礙者的工作能力受到質疑，工作升遷遭受到限制，進一步造成障礙者在勞動市場被邊緣化，成為低薪資或低社經的代表。[42]就韓國施行定額進用政策的研究顯示，雇主寧願繳納罰金以化解聘僱的問題，配額與罰鍰制度根本無法約束雇主，接納障礙者進入工作職場。[43]香港也發現，一般民眾對障礙的認知，仍是生產力較低的族群，雇主不以障礙者的工作能力為考量，而是試圖尋找法律漏洞，壓低障礙者的薪資。[44]更重要的是，各種特殊待遇政策，也可能導致弱勢者的依賴與社會的歧視。

　　隨者身心障礙者教育程度的提升，加上科技輔具的發展及運用，多數的身心障礙者已擺脫過去依賴者的角色，轉變成生產者、甚至是家庭經濟供應者的角色。定額進用政策，確實有約束雇主聘僱障礙者進入工

---

[41] Kim, J. H., & Rosenthal, D. A. (2007). An Introduction to the Korean Employment Promotion Agency for the Disabled. *Disability and Rehabilitation, 29*(3), 261-266.

[42] 郭峰誠、張恆豪：〈保障還是限制？定額進用政策與視障者的就業困境〉，《台灣社會研究季刊》83（2011），頁 95-136。

[43] Kim, J. H., & Rosenthal, D. A. (2007). An Introduction to the Korean Employment Promotion Agency for the Disabled. *Disability and Rehabilitation, 29*(3), 261-266.

[44] 袁志海：〈香港特別行政區內身心障礙者的自力更生〉。論文發表於「國際接軌，權利躍進」國際研討會論文集，台北：台大醫院，財團法人中華民國殘障聯盟主辦，2008 年 12 月 8-9 日。

作職場的功效。視障者往往是因為視覺損傷，而被排除在競爭性就業市場之外，為了維持基本生存權，迫於無奈的從事不符合自己興趣的按摩業。強制配額的意旨在於滿足障礙者工作權的需求，卻無法從制度、結構層面讓雇主、同儕或一般民眾化解對障礙者的污名與歧視。

　　不同障別的障礙者個別差異很大，定額進用可能無法保障不同障礙者的工作權。相對的，惟有考量性別、種族、階級或工作技能等各異質的特性，障礙者在工作職場方能化解雙重或多重的障礙。[45]真正促進定額進用就業政策的關鍵，在於改變雇主對障礙者負面的態度，採取強制方式容易導致雇主採取避險措施，以及寧願繳交罰款而不願意僱用障礙者；若能說服雇主，而非基於強迫或增加雇主負擔，會是更成功的政策。[46]

三、視障按摩師就業共有的問題

（一）交通問題

　　視障者面對工作職場的環境，雖然從原本的按摩、算命職業轉向能夠自行抉擇的工作職類，對視障者而言，從居家環境到工作場域的交通狀況，是自由選擇工作所要面對的第一個主要障礙。因為視力的限制，讓視障者無法估算距離、約略的通勤時間，尤其是周圍環境的變動性，對視障者來說具有極大的挑戰，上、下班通勤的過程，往往比在工作場所更容易導致事故災害的發生，按摩師每一次的出門都是一趟陌生的冒險。

　　定額進用雖然開創視障者的就業機會，卻終究無法化解視障者就業

45　吳秀照：〈從理論到實踐-身心障礙者就業服務之理念與服務輸送的探討〉，《社區發展季刊》11（2005），頁 104-1116。

46　王國羽、洪惠芬、呂朝賢：〈加拿大、荷蘭與丹麥身心障礙者所得保障政策之比較：台灣可以學什麼？〉，《台灣社會福利學刊》5（2004），頁 33-82。

過程中所面臨的重重障礙。[47]無法經由親友接送往返居家與工作地點的視障者,最常見的處理模式主要是以徒步、搭乘公車,或大眾運輸系統,來克服職場環境的交通問題。但是大眾運輸系統,其實對視障者來說,並不實用。視障者克服職場環境的交通問題,最為便利且簡捷的方式就是搭乘計程車,透過計程車的定點送達,視障者即使是視覺損傷也能夠毫無後顧之憂的抵達居家或工作地點。但是計程車的價格昂貴,對一般薪資受限的視障者而言,是一項難以承受的支出,有時交通費可能與當日的收入差不多。缺乏友善的大眾捷運系統,更導致工作效能的低落。

臺灣推行無障礙設施已久,但是大多數的地區,無障礙只是理念宣導或口號,視障者在缺乏無障礙環境的臺灣社會,甚至連最基本的徒步行走都充滿風險。定額進用政策有助於視障者進入競爭性就業市場的機會,實際上,為了解決居家與工作場所往返的問題,有些尚有殘存視力者,必須違反交通規則,騎乘交通工具上下班,以換取穩定的工作機會,或因交通事故而喪命。

(二)職業傷害問題

臺灣政府自民國 80 年(1991AD)實施定額進用政策規定公、私部門聘任一定比例的身心障礙者以來,視障者的就業想像與訓練仍然侷限於按摩業。在法律保障只有視障者可以從事按摩的情形下,政府致力培養視障者從事按摩這個職類,對於視障者本身而言,不論先天或後天失明原因,多半並無意將按摩當作主要的職業出路,[48]尤其是非先天遺傳因素如事故災害、車禍、疾病的中途失明者,通常接受一般教育,也曾從

---

47 郭峰誠、張恆豪:〈保障還是限制?定額進用政策與視障者的就業困境〉,《台灣社會研究季刊》83(2011),頁 95-136。

48 藍科正:《嘉義市政府 96 年度視覺障礙者就業狀況與需求調查》(嘉義市政府,2007)。

事他種行業，但是從事需要視覺的工作有困難，再加上轉業不易，只得
非自願學習按摩。按摩是勞力的工作，並非所有視覺障礙者都適合以按
摩為其畢生之職業，但是為了生計，雖然發現自己不適合或出現身體症
狀，但仍留在工作崗位，一直工作到無法工作時才離開。[49]

依據我國勞工安全衛生認知調查，約有 40%按摩、推拿人員認為自
身的傷害是與工作有所關係。[50]而造成肌肉骨骼傷害的主要原因，還是在
於姿勢不良，易造成頸、肩、腰、腕等關節部位的疼痛疲勞以及疾病的
傷害。研究顯示推拿人員身體不適的盛行率高達 93.3%，最容易感到不
適的部位是右肩部，其次是腰部的不適感；再次之為手和手腕，此為工
作常需施力的部位。[51]按摩推拿人員在平常忙碌的工作當中，容易輕忽自
身肌肉骨骼不適的症狀，這樣的情況日復一日，容易變成累積性的肌肉
骨骼不適傷害。

按摩乃是循著人體的肌腱、關節、結締組織、經絡經穴、運用特定
手法在這些部位施以輕重不同的刺激，以達到促進血液循環、舒緩肌肉
關節酸痛的目的。[52,53]因此按摩從業人員所使用的工具或是工作環境非常
的簡單，一般只有按摩床和徒手操作，極少使用輔助工具替代手部從事
按摩。隨著科技的進步，坊間各種按摩科技產品不斷推陳出的情況下，

49 張彧：《按摩從業人員肌肉骨骼疾病盛行率及成因調查》（台北市：國立臺灣
大學職業醫學工業衛生研究所博士論文，2007）。

50 勞動部勞動職業安全衛生研究所：《人因工程肌肉骨骼傷病預防研究重要績
效輯》（台北：勞動部勞動及職業安全衛生研究所：勞工安全衛生展示館，
2014）。

51 潘豐泉、劉育華：〈臺灣推拿從業人員預防職業傷害之研究-以健康訓練模式
觀點〉，《寶建醫護與管理雜誌》13.1（2019），頁 88-101。

52 陳秀雅：〈按摩業相關問題之探討〉，《特教園丁》7（1992），頁 45-48。

53 羅婷薏、紀璟琳：〈中國傳統推拿療法之基本手法及其功效〉，《中臺學報》14
（2003），頁 203-212。

顧客的回籠更顯現出對徒手按摩的認可，於是更強化按摩工作的核心價值，就是「徒手」有別於工具效能的重要精神。[54]

不同於其他負重或操作型工作者採用抬舉、向上施力之動態型動作，按摩從業人員不論使用那一種手法，都要不斷的使用手指、手腕、整隻手臂、肩頸部及下肢的肌肉群；而且經常為了要適應顧客的要求，而採用不適當的工作姿勢與施力方式，這些都是讓按摩從業人員成為罹患肌肉骨骼疾病高危險群的因素。[55]一項針對工作年資 4～21 年的視覺障礙者職業適應研究，結果顯示其中 50%的按摩從業視障人員，身體曾有不舒服和疼痛的感覺，疼痛以手腕（84%）為最多，其次為背部（80%），頸部（36%），肩部（32%），下肢為（8%）最低。其中 40%曾因身體的疼痛及不舒服而影響到工作活動的參與，16%曾因身體的疼痛及不舒服而請假。[56]按摩推拿工作者在面臨自身的肌肉骨骼傷害時，多會就自身學習而來的經驗與技術自我療癒和調整，以減輕或避免疼痛，或者尋求同業以疏解自身的不適感，但是尋求中西醫之醫療資源者比例相對減少。[57]

多數工作者的工作滿足感來自於顧客對工作者自身能力的贊同以及肯定，顧客的認同型式包括增加按摩時數、成為固定客、表達讚許等，按摩從業人員經常為了適應顧客的要求，採用不適當的工作姿勢與施力方式。加上按摩工作者經常是家中經濟來源的主要提供者，「按量計酬」

---

54 李佩容：《視障按摩工作者的工作狀況與職場健康-以臺北市為例》，（台北市：國立臺灣大學公共衛生學院康政策與管理研究所碩士論文，2013）。

55 張彧：《按摩從業人員肌肉骨骼疾病盛行率及成因調查》（台北市：國立臺灣大學職業醫學工業衛生研究所博士論文，2007）。

56 呂淑貞、黃曼聰：《台北市視覺障礙者生理心理社會適應調查》（台北：台北市政府社會局委託案研究報告，1998）。

57 潘豐泉、劉育華：〈臺灣推拿從業人員預防職業傷害之研究-以健康訓練模式觀點〉，《寶建醫護與管理雜誌》13.1（2019），頁 88-101。

的方式也讓按摩從業人員不願意犧牲工作量與工作時間，為了糊口也得繼續工作下去，惡性循環的結果造成骨骼肌肉疾病。

（三）性騷擾風險

　　早期按摩業經營方式是到有合作關係的飯店，或親自到顧客家中為他們提供按摩服務，年資較高的按摩師，不論男女都有遇到性騷擾的經驗；按摩小棧，由於多位於交通便利之處，環境明亮、並無封閉性的隔間，又備有管理者，所以較不會產生性騷擾的問題。目前，性騷擾事件多發生在自家經營、到府服務以及在按摩院服務的工作者身上。騷擾的形式包括言語騷擾及肢體騷擾，騷擾者多半是表達性暗示的言語為主，[58]但是仍免不了在獨處的狀況下，有客人直接以行動對工作者作出強制的性騷擾行為。在面對性騷擾情況發生時，性別不同的按摩師其因應方式也存在差異，女性按摩工作者的反應可分為兩種：一、反抗，但時常導致女性按摩工作者曝露於更危險的狀態中。二、欺騙，以自己罹患性病為藉口欺騙對方，以此作為成功脫險的保命符。不同於女性工作者，男性工作者會因騷擾者性別差異而有不同的處理模式，當遇到男性騷擾時，男性按摩師通常會展現出比較冷靜，但強硬的處理方式，會儘快將騷擾者趕離獨處的空間，甚至納入拒絕往來戶的名單；相反的，當男性按摩師遇到女性騷擾時，較不會產生恐懼反應或採取積極的反抗行動。按摩工作中來自異性的性騷擾，對男性而言並不是一件恐懼的事，但對女性工作者而言，是一種致命性的威脅。[59]研究結果顯示在性騷擾事件上，無論是健全或障礙形式，男性身體與女性身體存在著性別權利不平等的事實，所以即便是男性的身障者面對健全女性的騷擾，並不會產生驚恐

58　廖玉燕：〈抓龍的日子〉，中華民國特殊教育學會，《生命的挑戰》（台北：心理出版社，1993），頁 42-59。

59　李佩容：《視障按摩工作者的工作狀況與職場健康-以臺北市為例》，（台北市：國立臺灣大學公共衛生學院康政策與管理研究所碩士論文，2013）。

的反抗行為，反之若是健全男性侵犯障礙女性，除了反映性別間的權利不平等外，同時也是一種健全身體霸凌障礙身體的展現形式。[60]這也就是女性身心障礙者處在性別與障礙的雙重弱勢中，時常面臨的壓迫現象。

（四）職場環境中潛在的安全危害

對於視障者而言，進入陌生的環境的首要工作就是認識與適應環境，然而，視障者對空間的掌握度並不高，即使是已經熟悉的環境，也時常發生按摩師在工作過程中受傷事件。工作場所中充滿硬體設備，工作過程中的碰撞多難以避免，例如變換按摩手法、姿勢時，膝蓋碰到按摩床的鋼製支架；若按摩空間狹窄擁擠，也常發生工作者互相碰撞而受傷，甚至引發同事之間的不睦和爭吵。部分按摩院提供到府按摩服務，按摩師在接到顧客來電後，前往顧客家中進行按摩服務時，只能在被限定好允許範圍中行動。以客為尊的情況下，按摩師無法要求按摩環境的標準化，只能在陌生的環境中進行熟悉的按摩工作，而且在替顧客服務時，通常是按摩師配合顧客的習慣動作，若顧客接受按摩的姿勢不正，連帶影響按摩師的施力方式或施力點，會增加按摩師個人發生職業傷害的風險。另外，顧客無預警的姿勢轉變，也常導致按摩師受傷。

（五）求職面臨壓力

學者研究發現視障者求職方式不同，所面臨的壓力來源也不同（表4.6），無論在國內或國外，視障者在求職時所遭遇的困難，主要有本身心態問題、雇主不願意僱用、一般人對視障者有成見、缺乏適當的職業訓練、交通問題、視障者的教育問題、工作機會太少、本身視覺障礙所造成的限制等等。[61]

---

[60] 呂思嫻、邱大昕：〈是按摩也是管理：探討女性按摩師如何維持勞動時的身體疆界〉，《身心障礙研究》9.4（2011），頁 251-265。
[61] 陳昭儀：《二十位傑出發明家的生涯路》（台北：心理，1991），頁 13-14。

表 4.6、視障者求職方式不同，所面臨的壓力來源[62]

求職方式	壓力來源
教育主管機關分發	1. 公費視障生對分發感到憂慮 2. 分發學校不接納視障者 3. 教育主管機關對公費視障者分發缺乏長遠規劃
自行應徵或應考	1. 雇主對視障者信心不足 2. 應考準備時間不夠 3. 擔心不具應考資格 4. 應考時閱讀、書寫有困難
自行創業	1. 客源拓展不易 2.顧客對視障者有疑慮。
其他	1. 適合視障者的工作機會太少 2. 視障者自我設限

　　從事按摩業的視障者在職時面對的困境包括：經營環境障礙、資金籌措障礙、薪資問題、交通障礙、宣傳廣告障礙、技術提升障礙、社會地位障礙、視力限制、工作難晉升、與同事主管相處問題、缺乏進修訓練課程等。[63,64]同時也發現視覺障礙者的教育程度越高、受過專業訓練、有專長、行動能力越好，其就業的比率也越高。[65]

　　由於視覺障礙者的個別差異很大，為視覺障礙者開設專班進行職業訓練並非上策，且無助於解決視覺障礙者就業困難中的人際關係因素，故可以考慮就現有職訓機構的班別，讓視覺障礙者或具有剩餘視力的弱

---

[62] 柏廣法：《視覺障礙者大學畢業後工作壓力來源與因應方式之研究》（彰化市：國立彰化師範大學特殊教育研究所碩士論文，1998），頁 74。

[63] 阮芬芳（1997）。《視障者就業現況及未來展望調查研究》。2017 年 9 月 25 日，取自天主教光鹽愛盲服務中心網頁：http://www.blind .org.tw/blind-work-ask.htm

[64] 萬明美：〈視覺障礙者從事按摩業之現況及影響其收入之相關研究〉，《特殊教育學報》6（1991），1-47。

[65] 李永昌：〈視覺障礙者工作職類研究〉，《特殊教育與復健學報》11（2003），頁 51-73。

視者優先參加其中的訓練課程。同時以建教合作方式，結合職訓單位、學術研究單位及相關業者共同規劃課程、訓練內容及設備，進行訓練後，實際到職場熟悉和學習，才能達到訓用合一的效果。至於中途失明的視覺障礙者，則是盡可能透過職務再設計的方式，經由專人的輔導與協調，保有原工作或繼續就業。[66]

綜合而言，視障者求職與在職時所面臨的困境，可以看出在環境上的障礙讓視障者無法走出來，觀念上的障礙更讓視障者得不到公平的就業機會，視障者最大的困境不是眼睛看不見，而是外界對視障者所做的種種假想與限制；視覺的缺陷，使其在日常生活、學習、行動和社交上產生相當多的限制，造成和明眼社會的隔閡，活動時常因動作緩慢、正確度低、自己給予壓力使得工作種類受限，因而產生退縮、自卑的現象，此時，若合併其他障礙類別時，問題更加嚴重。

小結

專業技術與知識的之取得是透過學習與練習，涉及從業人員之養成問題。視覺障礙者的技職訓練，因先天遺傳因素，出生即視障或發病年齡較早者，會進入盲啞學校（後來盲啞分離，視障者所就讀現稱之啟明學校）、惠明學校、慕光學校等特殊學校就讀，並於特殊教育過程中習得按摩技術；而至成人發病之視障者，通常仍受一般教育，也曾從事他種行業，發病而導致視障之後才開始學習按摩技術。此外，非先天遺傳因素如事故災害、車禍、疾病而致視障者，是失明後進入重建機構、協會或政府委託開設之訓練班學習按摩技能。

中途失明者於 80 年代以前，均以二年制、住宿型方式，在盲人重建

---

66 李永昌：〈視覺障礙者工作職類研究〉，《特殊教育與復健學報》11（2003），頁 51-73。

院內進行視障按摩職業訓練養成課程。目前，臺灣盲人重建院等機構接受職訓局委託，辦理按摩職業重建課程，提供後天失明者約 1,800 小時訓練課程，此外職訓局尚有 800 至 900 小時期較短之委託訓練課程（主要以技術士考照題庫為主）。而勞委會補助民間開辦 3～6 個月短期職業訓練班，按摩理論與相關技術上缺乏深厚紮實的訓練，目標只是在考取按摩證照，可以參加工會與健保，按摩淪為救濟政策下的職類。

　　按摩業經過長期下來的法令變更不定（表 4.2），形成按摩定義上及管理上的混淆不清。衛生署否認「按摩」的醫療意義，視其為非醫療行為，故不納入醫療管理，儘管引發諸多爭議，但也確認了復健等物理治療的醫療地位。法規上雖以目的區分一般按摩與理療按摩，但實際上並未真正建立理療按摩制度，按摩乙級與丙級技術士的市場價值也無明顯區分。視障按摩養成教育缺乏大專以上科系配合，無論就視障者個人而言，或就視障按摩業整體產業而言，實質上阻礙了專業提升的空間。有意精進技術與知識的視障按摩師，除非能通過大學入學考試，進入醫學院相關科系（物理治療系）就讀，或赴日進入按摩學校攻讀理療，否則在我國現行的教育體系、技術士考試與執業規範下，難有突破按摩乙級技術士的進修管道。

第五章、日治時期、國民政府時期與各國視障職業政策之比較

　　盲人從事按摩業、針灸業，主要與國家政策、社會人文環境皆息息相關。同樣是從事按摩業，在不同的政體下，卻是迥然不同的情境。

第一節　國情不同，視障教育目標差異

　　殖民主義者經常是按照殖民母國的社會，來想像和建立殖民地應有的模樣。當時日本國內，不分明、盲都可從事按摩、針灸，對於盲人職業養成教育，並且非單純的救濟政策，而是透過教育機構，作專業訓練，有一定的學制與教學內容，方能達到「獨立自營」的目的。臺灣的盲啞教育初期是由慈善團體開始，收容盲童教以點字聖經、編織，日治時期，政局穩定後由再由政府接管，將特殊教育納入正式教育體系，其基本目標是訓練視障者能獨立生活，不會成為社會的負擔。因此職業教育與就業準備是其教育重點，盲校除了一般課程（普通科 6 年）之外，還教授針術、灸術、西洋按摩術及東洋按摩術的傳授（針按科 4 年或按摩科 2 年）。

　　日治時期為農業社會，教育並不普及，當時公學校的入學率很低，完成六年基礎教育者為數甚少，相形之下，盲校畢業的臺籍視障者，不但能說流利的日文，又有專業的技能，和其同齡的明眼臺籍同胞相比，其教育程度較高。

　　醫療環境受到法律的制約與影響，醫藥從業人員的資格認定、執業、經營等，都與法律相關。日本殖民政府在明治維新的浪潮下，大力推行現代化，並且仿效西方衛生行政體系，有計畫地透過教育體系、國家考試與執業要件三個環節配合，設定進入各行業的門檻。按摩、針灸雖未被歸類在醫藥從業人員之列，但是其養成方式和醫療人員相同，有專門訓練機構、考試制度與管理辦法。當時屬於醫療行為範疇的行業，法律給予規範，設定一定之門檻，包括從業人員必須通過國家考試，參加考

試者有一定之學歷要求，教育體系設有相關學校提供養成教育；國家考試及格後必須向主管機關登錄，加入公會始得營業。盲校相關師資、課程、設備、資源的配置皆以培育此職類人才而規劃。當時按摩業並沒有限制為盲人專業，明眼人也可從事，參與考試者必須是指定針、灸、按摩相關學校或講習所修業一定年限方可參與考試，考試內容除按摩實際操作外，學科部分由於盲人視力因素，乙種考試較甲種簡易。日本政府透過完整的養成教育（盲啞學校）、考試制度與就業執照許可的規範（按摩、鍼術、灸術營業取締規則）三個環節配合，才使得視障者能以此行業自力更生安身立命，收入甚至比明眼人高。

國民政府時期，初期視障教育是延續日治時期的政策與作法。隨著相關政策與社會環境轉變，國民教育水準提高，盲校僅有國中部的設立，直到民國 44 年（1955AD）始成立臺灣省立臺北盲啞學校高職部理療科，民國 56 年（1967AD）新「醫師法」修正公布後，視障者被禁止從事針灸與電療等醫療行為，盲校的相關課程也被迫取消。自民國 57 年（1968AD）「盲生走讀計劃」實施之後，融合教育成為主流，政府部門投注非常多的資源（附錄一），照顧先天失明與學齡失明的青少年。融合教育蓬勃發展下，視障生就學管道增加，普通校園中有各項資源配備，相較於過去非常友善。目前各大學廣設資源教室，加上高科技、新技術的迅速發展，各類盲用電腦設備的應用越來越廣泛，諸如各種讀書機、點字顯示器、盲文列印機、語言操作軟體等等（附錄四），這些設備都為視障生上大學接受高等教育提供了有力的物資保障，就讀普通學校的視障生也以升學為目的，因此職業教育與就業準備比較不是教育單位主要關心的議題。

隔離式的啟明盲校，原本高職部設立復健按摩科，相關師資、課程、設備、資源的配置皆以培育此類人才的方向規劃，因此在業界或是教育

領域都有很傑出的表現。因為融合教育和社區安置的理念，輕度視力障礙者多就讀普通學校，隨著融合教育不斷的推進，越來越多的視障學生進入到普通學校就讀，啟明學校的學生來源除了單一障礙的視障生，多數是兼有其他障礙（例如智力障礙、語言障礙、自閉症）的視障者。啟明學校從職能定位和辦學功能上發生巨大的變化，從傳統的單一教學機構，轉變為地區性的特殊教育資源中心，承擔著中、重度視障、視多障學生的康復訓練工作。包括 0～6 歲視障學齡前兒童早期干預工作、視障青少年以及成年視障人士的勞動技能與職業教育的基地等職能。

第二節　社會環境不同

日治時期，臺灣尚屬農業社會，視障者所從事的行業多元，有打魚、推石磨、算命……等，大多屬於勞力的工作，一般人受教育程度普遍偏低，公學校自動入學就讀率不高，必須各學校之教員、學務委員到各分戶勸誘，使其子弟就學。盲啞學校等同於視障者的職業教育所，盲校的學制相當於中學校畢業（表 3.9），進入盲啞學校接受教育的臺籍盲童，和同齡臺籍同胞相比，他們的教育程度較高，而且受有專業訓練，可謂是學有專長。西洋按摩（マッサージ）在臺灣原本不是視障者從事的行業，由於日本人習慣求助於按摩的治療，加上從事按摩的視障者收入比一般人高，且社會地位崇高被尊稱為「先生」，因此吸引臺灣視障者投入這一行業。

日本殖民政府全面推行西方醫學，雖然提昇了臺灣民眾的衛生習慣與健康，減少各種傳染病與瘟疫的發生，但是臺灣的民俗療法與傳統漢醫被打壓，也讓視障按摩業得天獨厚的存在，經過五十年的文化洗禮，臺灣人接受、認同視障按摩業，因而奠定了視障按摩業在臺灣的地位，保障了視障者從事視障按摩的工作權，視障者以按摩為職業，確實也能

自力更生的生活，甚至還可以置產建立家庭，安身立命。

　　流行歌曲時常是以當代社會氛圍為題材，郭大成先生（1937～）出生於日治時期，是知名歌手、音樂人、作詞家，其作品常描寫臺灣早期農業社會市井小民的生活樣態，如糊塗總舖師、糊塗裁縫師、流浪拳頭師等，其作品中有一首〈掠龍的流浪記〉對於視障按摩業有入木三分的描寫，歌詞如下：

　　自細漢就青暝　流浪四界去，街頭巷尾歕答滴　掠攏咧趁錢

　　若有人身軀未輕鬆　包恁掠了爽快真活動

第一段歌詞，點出主人翁是因為從小失明，所以才從事按摩的工作，而經營按摩的方式是沿街「歕答滴」，也就是吹著按摩笛以招徠客人，而按摩的功效是消除疲勞、讓身體輕鬆。

　　大馬路　幼街巷一直行歸晚，好壞人客沒關係　濟少加減趁

　　什麼人身軀昧輕鬆　包您掠了爽快笑眯眯

　　大家攔來攔來　緊來緊來

第二段歌詞，說出按摩工作的辛苦與無奈：不管大街小巷，整夜一直行走，好壞客人都沒有關係，只要能收入。而按摩師對於自己的技術是很有自信，還打包票說：「保證讓您爽快笑眯眯」。

　　國民政府時期，初期視障教育是承接日治時期的作法，盲啞學校除一般學科外，也教授按摩、針灸與電療課程，視障按摩業者可以從事按摩、針灸與電療。民國 56 年（1967AD）醫師法修正後，民國 69 年（1980AD）《殘障福利法》制定時，將視障按摩保留規定於第 18 條規定：「非本法所稱視覺殘障者，不得從事按摩業。但醫護人員以按摩為病患治療者，不在此限。」賦予視障按摩保留制度之法律基礎。且於但書中開放給有

醫療證照之物理治療人員，以後陸續修改並更名之為《身心障礙者保護法》以及《身心障礙者權益保障法》均延續此項規定。非視障者從事按摩業者，依《身心障礙者保護法》第 65 條之規定，處以新臺幣一萬元以上五萬元以下之罰鍰，於營業場所內發生者，另處負責人或所有人新臺幣兩萬元以上十萬元以下之罰鍰，並限期令其改善，屆期未改善者，按次處罰。

　　《按摩業管理規則》第 4 條明定：「按摩手技為：輕擦、揉捏、指壓、扣打、震顫、屈手、運動、壓迫及其他特殊手技」，除了視障按摩業外，推拿整復、足部反射按摩、指壓、美容美髮業者及物理治療師，都會運用到相關手技。非視障者從事按摩相關行業，只要不用「按摩」兩個字，社政主管機關就認定其為非按摩業，其管轄機關應為衛生單位，而衛生單位則認為其為民俗療法，而不列入醫療管理。

　　隨著時代進步，社會進步漸漸走向工業化，社會風氣開放，理容業者常以理容之名而從事色情按摩，視障按摩業者也常因專業能力不足，無法與同業競爭，迫於生活無奈下，將執業執照租借給色情按摩業者使用，而使社會觀感不佳，並使按摩業污名化與色情劃上等號，讓有意從事按摩業的盲校畢業學生怯步。加上政府對視障按摩業的態度是消極的救濟政策，視障者的學經歷明顯的跟不上時代的腳步，雖然目前視障按摩業為了適應社會需要，將傳統全身按摩方式由全身按摩改變成拆解式的局部按摩，雖然失去按摩的原意，但也因工作環境改變，示範按摩中心、小棧等的設立，而使視障按摩去污名化。

　　日治時期的按摩業是不分視障者或明眼人，並非所有的視障者都是從事按摩業，實際上，只有受過教育的盲啞學校畢業生才有資格從事教職或是針灸按摩業，屬於精英政策，講究技術與傳承。國民政府時期按摩業是保留職業，雖然法律規定只有視障者可以從事，也有教考訓用的

制度，但屬於救濟政策，兩者在立足點上不同，當然呈現出不同的樣貌。

第三節　日治時期與國民政府時期視障者
留學日本學習按摩之比較

　　日治時期，盲啞學校的視障教師多是由日本人擔任，或是盲啞學校的臺籍畢業生透過安養機構、教會或是學校安排留學日本，回臺之後任教於盲啞學校，專門教授針灸與電療的課程，或擔任公會要職爭取盲人福利。

　　臺灣最早留學日本並順利回臺灣從事按摩理療工作的視障者，可追溯到明治 30 年（1897AD）的郭主恩、蔡谿、陳春三人，[1]明治 42 年（1909AD）之後有廖旺、郭在、楊根盛回臺後從事教職，[2,3]臺南州立盲啞學校畢業的廖旺先生，出生於明治 23 年（1890AD），5 歲時患麻疹發高燒以致失明，因在學校成績優異，十九歲時被保送至日本東京盲啞學校深造，留學 5 年，回國後在母校臺南州立盲啞學校教學。臺灣光復後，更致力於盲人的福利工作，歷任臺灣省盲人福利協進會的理事，及數任臺南分會的理事長，被弟子公認為臺灣盲人之父，晚年創辦「臺南基督教盲人會及後援會」，為盲人的福利而奉獻心血及財物，並極積向盲人傳福音及領導他們信主。[4]郭在女士，明治 26 年（1893AD）出生於南部鄉下，是位孤兒，大正 4 年（1915AD）就讀私立臺南盲啞學校時已經 22 歲。木村謹吾先生創立臺北盲校前先至臺南該校參觀，見郭女聰穎過人，便將其帶回臺北，並送她至日本盲校研習兩年，回臺後成為該校第一位本地的

1　〈可風之三盲人〉《漢文臺灣日日新報》，1907 年 1 月 22 日。
2　潘稀祺：《臺灣盲人教育之父-甘為霖博士傳》，頁 93。
3　蔡龍雄：《九十年來臺北啟明史》（台北市：自行出版，2006）。
4　潘稀祺：《臺灣盲人教育之父-甘為霖博士傳》，頁 93。

視障女教師。她以校為家，不分晝夜照顧學生，深受學生愛戴，課餘時間賣花為校籌款，為創校功臣之一，於民國 39 年（1950AD）獲先總統蔣公頒發「盲人之母」的匾額，此為當時教育界極為崇高的榮耀，隔年過世，享年 59 歲。另一位台北盲啞學校校友楊根盛，畢業後到日本大阪府立盲校專科部就讀理療科兩年，回國後在臺北萬華及承德路一帶開設「臺北電療中心」，是臺灣光復後第一批受聘為臺灣省立臺北盲啞學校教師，專門教授針灸與電療的課程，與徐水火、鄭明龍三人為當時唯一取得理療師證照者。他熱心推動盲人福利和社團工作，並積極向政府爭取盲人的合法權益，訂定「按摩業管理規則」規範按摩業的權利與義務。曾擔任盲人福利協進會第二任理事長。[5]

民國 56 年（1967AD）新「醫師法」修正公布後，視障者被禁止從事針灸與電療等醫療行為，盲校的相關課程也被迫取消，此一時期，啟明盲校已設立高中部與高職部，在高職部按摩科授予病理概論、指壓概論、經穴學、電療、病理學、解剖學等專業學科；以及按摩職業技能訓練。視覺障礙者的技職訓練仍以按摩為主。此時期留日的視障者因為大環境的改變，因此選擇留在日本從事三療工作，而回臺灣者則是從事按摩工作或擔任教職。[6]

民國 69 年（1980AD）《殘障福利法》制定時，雖然將視障按摩保留規定於第 18 條，賦予視障按摩保留制度之法律基礎。但是視障按摩業的社會地位低、工時長、沒有成就感，加上視障者在一般就業市場很難找到適合的就業機會，常因缺乏就業資訊與職場支持，形成相對弱勢；許多視障者（包括先天與中途失明）就業之後也缺乏在職進修管道，加上國內大學並沒有開放視障生就讀復健相關學系，若想在按摩專業上能更

5　蔡龍雄：《九十年來臺北啟明史》。
6　蔡龍雄：《九十年來臺北啟明史》。

精進，惟一的選項只有出國留學。

　　留日學習按摩理療的視障者，無論是在學習態度、自主能力以及技術能力都有所提升，最重要的是在專業的自信心方面，日本比臺灣盲校的要求較高。[7]受訪者認為雖然無法留在日本從事按摩理療工作，但實際感受到日本與臺灣的按摩業文化差異，日本按摩業有完整的制度規範與社會福利，民眾對於按摩有一定的認識，但是臺灣是自己的國家，雖然回臺後仍以按摩為業，成為理療師的機會很渺茫，還是會傾向在臺灣發展按摩事業，並且試圖將所學應用在臨床。

　　綜合比較，日治時期與國民政府時期視障者出國留學有幾個不同的面向：

（一）宗教信仰

　　日治時期，受宗教新思維的影響，視障留學生多是透過養護或教育機構的挑選與協助，其目的在培養學校未來師資。因此有許多的資源幫助，例如臺灣協會提供郭主恩每月十圓的學費支助，回臺後擔任臺南盲啞學校教師。[8]木村謹吾校長送郭在女士到日本盲校研習兩年，回臺後成為臺北州立盲啞學校第一位本地的視障女教師。[9]

　　國民政府時期，視障留學生未必有宗教信仰，多是自費前往，若有資源也多來自民間機構，視障者的人際網路較小，受訪者也多是跟隨學長的腳步，或是學校老師所給的資訊而前往留學。

7　周美田、周珮琪、李德茂、周立偉：〈視障者留日學習理療按摩與國內就業環境演變之探討〉，《身心障礙研究》17.1（2019），頁 36-53。

8　屯山人：〈臺灣人の新感新想–臺南の郭主恩君〉，《臺法月報》8.4（1914），頁 35-37。

9　蔡龍雄：《九十年來臺北啟明史》）。

（二）學歷

　　日治時期，當時屬於農業社會，公學校的入學率很低，完成 6 年基礎教育者為數甚少，相形之下，盲校修業年限是普通科 6 年，畢業後才能就讀針按科 4 年，按摩科 2 年。[10]相當於中學程度，因此盲校畢業的視障者和其同齡的明眼臺灣人相比其教育程度較高。

　　國民政府時期，盲校僅有國中部的設立，直到民國 57 年（1968AD）始成立臺灣省立臺北盲啞學校高職部理療科，國中部只能學到按摩與解剖，高職部學生才學針灸、電療、病理課程。隨著經濟發展、教育普及，國民教育水準提高，但是視障教育僅至高中職程度，雖然有身心障礙學生大學甄試，但是僅開放部分科系，保障名額有限，雖然維護了他們的升學權益，卻同時限制所能就讀的科系。因此與一般同齡國人相比，視障者學歷相對較低。

（三）社會觀感與收入

　　日治時期，臺灣尚屬農業社會，視障者所從事的行業多為勞力的工作，例如打魚、推石磨、編織……等，按摩在臺灣原本不是視障者從事的行業，經過日本殖民政府設立各種試驗制度與規則的設立，[11]按摩師是經過專業訓練與考試取得證照的專業人員，社會地位崇高被尊稱為「先生」，從事按摩的視障者收入也比一般人高，因此吸引臺灣視障者投入這一行業，由傳統農村勞動者，變成現代都市的針灸或按摩工作者。

　　國民政府時期，社會進步漸漸走向工業化，許多勞力工作被機器所取代，視障者的工作機會大幅減少，無一技之長者甚至淪為社福單位救濟的對象。民國 56 年（1967AD）新「醫師法」修正公布後，按摩成為

10　吉野秀公：《臺灣教育史》，頁 540-541。
11　〈鍼灸按摩試驗制度〉《漢文臺灣日日新報》，1910 年 12 月 08 日。

保障職類，非視障者不得從事，按摩因此成為視障者主要職訓項目。民國 70 年（1981AD）內政部職業訓練局辦理「按摩技術士技能檢定」的考試規範，目的在提昇視障按摩業的專業能力。目前視障者執業至少要通過丙級技術士考試，中途失明者的職訓機構如重建院、愛盲等，以幫助視障者能考上丙級技術士證，可以參加工會、加入勞健保為目的，對於乙級課程的開設相對較少。加上視障團體也沒有所謂的在職進修的制度，有許多視障者（包括先天與中途失明）就業之後就一套按摩技術用一輩子，先天不足，加上後天失調的情況下，造成視障按摩的技術層級無法跟得上社會的需要。

國民政府時期的視障者，多數受聘於按摩院，其收入是「以量計酬」，與日治時期「獨立自營」不可同日而語。

（四）留學回臺後的出路

日治時期，臺、日之間的學制相同、語言沒有隔閡，出國留學的視障者多為機構或盲校特別挑選的優秀畢業生，視之為未來教師人選，因此出國所需經費都由機構，或慈善團體贊助，回國後理所當然的擔任機構或學校的教職。

國民政府時期，因為臺、日之間的學制不同，視障者留學的學校多為專科或是高中學制盲校，留學生回國後較少回到盲校中擔任教職，因此多自行開業，而成為業界的領導者；或者再去就讀大學以足補學歷差距，方可從事教職。

（五）視障教育與專業訓練

視障者並非都是全盲，大多數還有剩餘視力。但視障者因受限於個人因素，一般社會大眾傳統上對視障者的觀念，或啟明學校所提供的課程、設備與師資緣故，其所能選擇的職業訓練類別大都僅限於按摩一種。

12根據「視覺障礙者從事按摩資格認定與管理辦法」及「視覺功能障礙者從事按摩或理療按摩資格認定及管理辦法」，視障者從事按摩業時，必須持有身心障礙手冊，並取得「按摩技術士」之資格，再由當地主管機關核發按摩執業許可，始得執業。按摩技術士技能檢定是由行政院勞工委員會職訓局辦理，分為乙、丙兩級，應考丙級技術士之應考資格僅為國中畢業學歷即可，並無相關專業學校養成之要求。根據勞動部勞動力發展署技能檢定中心統計，2001～2017 年通過按摩技術士考試人數總共5,278 人，其中丙級 4,593 人，乙級者 685 人，13乙級的持照率仍待加強。

　　視障按摩被定位為非醫療行為，也非專門職業與技術人員，其證照僅為技術士層級，但是在「執業」時受到較嚴格的管制，相對地，在教育端卻缺乏完整的養成教育。啟明學校高職部設有按摩理療科，提供先天失明學生選修，中途失明的視障者則是到重建院（臺灣盲人重建院、慕光盲人重建院）或是勞委會補助民間開辦短期職業訓練班學習按摩，大專院校以上並未設有按摩相關科系，有意精進技術與知識的視障按摩師，除非能通過大學入學考試進入大學醫學院物理治療系就讀，或是留學日本學習理療，否則在現行教育體制與法律規範下，很難有進修管道。

第四節　政府因應釋憲案協助視障按摩業者之就業政策

　　民國 97 年（2008AD）11 月 21 日，有將近兩千位視障按摩師聚集在自由廣場，上街頭爭取工作權，並要求政府應保障其生存權。他們認為明眼人可以轉業、工作機會有很多，按摩對一般人是工作權，對視障

---

12 李永昌：〈視覺障礙者工作職類研究〉，《特殊教育與復健學報》11（2003），頁 55-73。

13 勞動部勞動力發展署技能檢定中心（2017）按摩技術士通過人數。取自 https://www.wdasec.gov.tw/wdasecch/index.jsp

者卻是生存權。各縣市有十四個視障按摩職業工會，十一個盲人福利協會和兩百個身心障礙者聲援團體，共同向行政院表達五項訴求：一、立即研議尋求大法官再解釋的機會，二、透過補助視障者按摩開業、獎勵僱用及定額僱用等措施，立即研議視障按摩的工作保障措施，三、協助視障按摩業者接受按摩在職與進階訓練及經營管理教育，以提升產業價值。四、加強中途失明者之生活重建、定向訓練、職業重建與轉業輔導等機制，五、立即由行政院成立視障按摩工作權益保障因應小組，訂定政府各目的事業主管機關，因應此一衝擊的政策目標，並列管監督政策落實情形。[14]

為降低釋字第 649 解釋對視障者就業之衝擊，民國 97 年（2008AD）11 月起，勞委會召開多次會議，邀請國內視障就業學者、內政部、衛生署、中華民國殘障聯盟、視障團體、按摩工會及地方政府代表等研商；勞委會職訓局陸續起動「新視界就業計畫」及「因應大法官第六四九案釋憲案行政院勞工委員會協助視障者就業措施」，以因應三年過度期間的到來，協助輔導視障者就業，訂定後已陸續推動及針對按摩業者之規劃措施；中央與地方政府也對視障者作出就業協助等方案。

一、新視界就業計畫

本計畫提供 2 億 6 千萬元經費，在民國 98～100 年（2009AD～2011AD）由勞委會及各級縣市政府推動辦理，以降低放眼明人加入按摩後之衝擊，保障視障者工作權益，可分為繼續從事按摩及從事非按摩工作兩個面向，重點如下：

（一）派員關懷視障按摩業者，瞭解其現況及需求，提供專業輔導、店

---

[14] 邱品潔：《大法官釋字第六四九號解釋對視覺障礙按摩業者就業影響之研究》（嘉義市：國立中正大學勞工關係學系碩士論文，2013）。

面裝潢、設備添置等協助，對有意開立按摩院之視障者，提供創業輔導補助成立中型按摩中心。

（二）辦理優良按摩院選拔活動、區域聯合行銷、按摩體驗等活動，並藉由媒體宣導視障按摩的專業形象及服務品質。

（三）訂定按摩養成及在職訓練規範，並持續辦理按摩養成及在職訓練，協助取得按摩證照及提升按摩職能。

（四）設置跨區域視障職業重建服務中心，依視障者需求，提供個別化、連續的服務。

（五）加強開發輔導非按摩職缺，如翻譯、電話調查、鋼琴調音、廣播等，並辦理相關職類的職業訓練。

（六）配合視障者面試、僱用初期或更換職場之所需，提供盲用電腦、擴視機等就業輔具借用服務以及資訊軟體使用、定向行動等綜合適應訓練。

（七）研議修法增列大眾運輸站台、醫院、政府機關等場所應規劃視障按區位，並增訂政府機關保留特定職務（例如：電話客服）僱用一定比例之視障者。

　　自民國 98 年（2009AD）7 月 1 日起至民國 100 年（2011AD）12 月底，針對具有按摩技術士證、執業許可證或工作證的視障者，每人每月由財政部發給按摩補償、轉業津貼最低基本工資新臺幣 17,280 元，此項經費來源為明眼人開設按摩相關行業之營業稅支付。而視障經營按摩業者免營業稅至民國 100 年（2011AD）12 月止。

二、協助視障者就業措施

　　主要著力於按摩業者經營管理的輔導，以及按摩養成和在職訓練的規範。

（一）輔導按摩業者

1. 持續辦理按摩院經營、顧客管理研習等，並對現有按摩院所提供專業輔導，輔導後評估有改善意願及潛力者，提供店面裝潢、設備添置等協助，每家最高 20 萬元；另為加強視障按摩院之服務品質，研議提供行政助理人力的經費補助。

2. 建立視障按摩院之按摩服務經營的服務標準流程，以供輔導按摩院所經營之參考。

3. 研議補助設立一定人數以上、具經營競爭力之中型按摩中心。

4. 辦理視障按摩行銷推廣，除持補助辦理按摩巡迴宣導外，2010 年規劃由活動、媒體宣導等方式，推展視障按摩之專業形象及服務品質，以及委託按摩業職業工會全國聯合會聘請企管專家輔導視障按摩業者。

5. 2011 年協助設立中型按摩中心，每家 6 人以上補助設備、裝潢、行政或行銷人員等，最高能補助到 250 萬元。

（二）提升按摩技能

1. 民國 98 年（2009AD）預計由各縣市政府委託辦理按摩訓練 30 班（約 400 人）；民國 99 年（2010AD）補助按摩工會及按摩業者辦理會員、按摩師之在職訓練。

2. 訂定按摩養成和在職訓練的規範，並持續辦理按摩養成及在職訓練，將按摩養成訓練期程增長為 1 年以上，以提高按摩技術。

3. 委託設置視障按摩重建中心以訓練按摩技術；全面辦理按摩師每人 60 小時在職訓練，包含按摩技術、禮儀、經營管理等，協助取得按摩證照及按摩技能。

4. 穩定就業補助：為協助在釋憲前已取得按摩許可證的按摩師，減緩釋憲案的影響，（1）對於未領有勞保、公保老年給付，以及未受按摩以外雇主僱用者，將規劃其接受 60 小時在職進修訓練。（2）繼續從事按摩業者，每人每月發給 1 萬元穩定就業補助，期間最長 12 個月。

5. 輔導轉業補助：對於釋憲後，無法或不願意從事按摩者，規劃由各縣市政府的職業重建個案管理窗口評估，協助提供轉業訓練，訓練期間發給職訓生活津貼，每月 10,368 元，最長 12 個月，訓練後輔導就業。

「新視界的就業計畫」及「因應大法官第 649 號解釋案行政院勞工委員會協助視障者就業措施」的內容，主要是以鼓勵中型按摩院之經營和公共場所保留按摩小棧據點兩項措施，大抵延續了先前的政策方向，再持續強化其經營管理能力，並提供行銷上之協助；另外，也訂定按摩技能規範、延長養成訓練期程、辦理在職訓練等提升按摩技能措施。

三、中央政府重要措施

（一）將按摩業公告為補助對象

大法官宣告視障按摩業保留條款違憲後，勞委會以民國 98 年（2009AD）9 月 11 日勞職特字第 098053265 號令，指定補助業別為：1. 個人計程車業；2. 鐘錶、鎖匠、刻印業者；3. 公益彩券甲類販售業者；4. 按摩業者；5. 地政士業者。將按摩業者納入補助對象，依身心障礙者職務再設計實施方式及補助準則第 9 條，自營作業之視障按摩業者即能據此向主管機關申請改善工作環境、工作設備、工作條件、購買就業所需之輔具及調整工作方法所需費用之補助。

（二）彩券需保留 5%額度販售權

根據臺灣彩券公司民國 97 年（2008AD）12 月底止，統計全臺共有 4,887 家（月平均收入新台幣 4 萬元）彩券販售點，而三大弱勢族群：身心障礙者、原住民、單親且為低收入戶等皆可給予彩券販賣的挑選機會。自民國 100 年（2011AD）起，彩券需保留 5%額度給予輕度視障者販售。

（三）成立視障者職業重建服務中心

　　針對有就業需求之視覺功能障礙者或視覺功能漸失者，提供個別化及專業化的職業重建服務，以協助其於社區就業或重返職場，職訓局委託中華民國無障礙科技發展協會設立「視障者職業重建服務中心」，建立視障者就業之單一服務窗口，提供個案管理、評量、職前適應訓練（定向行動訓練、讀寫能力訓練、盲用電腦等資訊管理及應用技能）、視障輔具借用、職務再設計諮詢、個別化技能訓練及推介就業等整合性服務。[15]

（四）其他專業技能培養

1. 處於 e 化世代，對比於明眼人，視障者資訊之取得有相當的落差，應提升視障者英語與強化盲用電腦能力，使之差縮短。民國 98 年（2009AD）內政部召集有關專家研議並制定盲用電腦指導員培訓課程與時數。民國 99 年（2010AD）年內政部辦理盲用電腦指導員培訓班，勞委會於民國 99 年（2010AD）第 3 季辦理盲用電腦技術證考試。以落實視障者快速取得資訊並方便使用電腦與眼明人進行無障礙互動與溝通。

2. 民國 99～100 年（2010～2011AD），各縣市勞政主管機關，所有基礎按摩訓練班受訓時數均不得低於 1,000 小時，視實際需求每年辦

---

[15] 勞委會，2013 年 5 月 3 日新聞稿。

理一期，每週上課 2 次為宜，每次 4 小時為宜，參訓視障學員每月提供 5,000 元作為生活津貼，每次上課補助交通費 200 元。

3. 民國 100 年（2011AD）起，內政部辦理社會重建指導員培訓班，社工相關學系之視障者均可參加培訓，培訓時間 2 年。

4. 民國 100 年（2011AD）起臺灣銀行、土地銀行與合作金庫之委外信用卡催收工作，應由 5:1 明眼人與視障者比例可適任之視障機構承包，而改僱用視障者從事此項工作。

5. 民國 100 年（2011AD）起，五院與各部會針對非機密性會議打字工作，可委託適任之視障機構承接從事此工作。（由具字型概念之中途失明視障者擔任）

四、修正《身心障礙者權益保障法》

《身心障礙者權益保障法》於民國 100 年（2011AD）2 月 1 日進行修正公布，中央教育、勞工等相關主管機關須依修正條文第 32 條、第 38-1 條、第 46 條、第 46-1 條、第 60-1 條，以及第 69-1 條之授權制定《視障者就業促進與轉業輔導措施》。該法中攸關視障按摩的修正條文，整理如表 5.1 所示：

表 5.1、民國 100 年（2011AD）《身心障礙者權益保障法》修正條文[16]

條文	條正內容
第 32 條	第 1 項：身心障礙者繼續接受高中等以上學校之教育，各教育主管機關應予獎助；其獎助辦法，由中央教育主管機關定之。 第 2 項：中央教育主管機關應積極鼓勵輔導大專校院開辦按摩、理療按摩或醫療按摩相關科系，並應保障視覺

---

[16] 〈身心障礙者權益保障法修正條文〉〈總統令，華總一義字第 10000017951〉《行政院公報》17.25（2011），頁 4203-4212。

功能障礙者入學及就學機會。

第 3 項：前二項學校提供身心障礙者無障礙設施，得向中央
　　　教育主管機關申請補助。

第 38-1 條　第 1 項：事業機構依公司法成立關係企業之進用身心障礙者
　　　　　人數達總員工人數 20%以上者，得與該事業機構合
　　　　　併計算前條之定額進用人數。[17]

第 2 項：事業機構依前項規定投資關係企業達一定金額或僱
　　　用一定人數之身心障礙者應予獎勵與輔導。

第 3 項：前項投資定額、僱用身心障礙者人數、獎勵與輔導
　　　及第一項合併計算適用條件等辦法，由中央各目的
　　　事業主管機關會同中央勞工主管機關定之。

第 46 條　第 1 項：非視覺障礙者，不得從事按摩業。

第 2 項：各級勞工主管機關為協助視覺功能障礙者從事按摩
　　　理療工作，應自行或結合民間資源，輔導提升其專
　　　業技能、經營管理能力，並補助其營運所需相關費
　　　用。

第 3 項：前項輔導及補助對象、方式及其他應遵行事項之辦
　　　法，由中央勞工主管機關定之。

第 4 項：醫療機構得僱用視覺功能障礙者於特定場所從事非
　　　醫療按摩工作。

第 5 項：醫療機構、車站、民用航空站、公園營運者及政府
　　　機關（構），不得提供場所供非視覺功能障礙者從事
　　　按摩或理療按摩工作。其提供場地供視覺功能障礙
　　　者從事按摩或理療按摩工作者應予優惠。

第 6 項：第 1 項規定於中華民國一百年十月三十一日失其效
　　　力。

第 46-1 條　第 1 項：政府機關（構）及公營事業自行或委託辦理諮詢性
　　　　　電話服務工作，電話值機人數在十人以上者，除其
　　　　　他法規另有規定外，應進用視覺功能障者達電話值

---

[17] 第 38 條第 1 項：各級政府機關公立學校及公營事業機構員工總人數在 34 人
以上者，進用具有就業能力之身心障礙者人數不得低於員工總人數 3%。

機人數十分之一以上。但因工作性質特殊或進用確有困難，報經電話值機所在地直轄市、縣（市）勞工主管機關同意者，不在此限。

第 2 項：於前項但書所定情形，電話值機所在地直轄市、縣（市）勞工主管機關與自行或委託辦理諮詢性電話服務工作之機關相同者，應報經中央勞工主管機關同意。

第 60-1 條　第 1 項：中央主管機關應會同中央勞工主管機關協助及輔導直轄市、縣（市）政府辦理視覺功能障礙者生活及職業重建服務。

第 2 項：前項服務應含生活技能及定向行動訓練，其服務內容及專業人員培訓等相關規定，中央主管機關應會同中央勞工主管機關定之。

第 3 項：第二項於本條文修正公布後二年施行。

第 69-1 條　第 1 項：各級主管機關應輔導視覺功能障礙者設立以從事按摩為業務之勞動合作社。

第 2 項：前項勞動合作社之社員全數為視覺功能障礙，並依法經營者，其營業稅稅率應依加值型及非加值型營業稅法第十三條第一項規定課徵。

《身心障礙者權益保障法》的修正主要是針對教育、就業與廢除就業保護之衝擊三個面向：

（一）在教育方面

以我國現行啟明學校的教學模式為例，主要為以下三種模式：一、普通科，以讓視障學生繼續升學為方向；二、復健按摩科，以學生學習專業按摩技能為主軸；三、實用技能科，教導學生電腦相關技能並協助其考取證照。[18]視障者幾度希望可以讓取得專業資格者如復健、理療等，為病患從事物理治療等醫療行為，以增加其就業空間，但一直無法成功。

---

[18] 臺北啟明學校（2013）http://www.tmsb.tp.edu.tw/default_page.asp。

19教育部也於民國 98 年（2003AD）根據「視覺障礙者從事理療按摩資格認定及管理辦法」提供購置相關設備經費，鼓勵大學校院開辦視障理療按摩學分班，以加強視覺障礙者從事理療按摩工作之養成教育，但因執行成效不彰而作罷。

第 32 條增列教育部應鼓勵大專院校開辦各類按摩相關科系，保障視覺障礙者入學與就業的機會。依「專門職業及技術人員考試法」第3、第9 條、及第 10 條規定，專門職業與技術人員考試分為高考、普考與初考等三等，參加高考者須為大專相當科、系、所畢業，普考之應考資格則為公私立高級職業學校相當科、系、所畢業者。目前按摩已有高職層級的按摩乙級技術士養成教育，但是，各類醫事人員普通考試如物理治療生、職能治療生自民國 100 年（2011AD）起停辦、護士考試自 102 年（2013AD）起停辦，將來醫事人員專門職業及技術人員考試將只舉辦高等考試，不舉辦普通考試。依此政策方向，視障者欲從事理療按摩，得以進入醫療機構工作，必須同時建立相關之大專科系。苗栗縣仁德醫護管理專科學校率先響應，調理保健技術科於民國 100 年（2011AD）2 月開辦學分班，9 月正式招收二專生。在職專班以協助視障者為主，其他障別只要肢體不受限制也會招收。實際運作上，是否符合專門職業與技術人員教考用的規範，仍有待釐清。

（二）在就業促進方面

為鼓勵大企業定額進用以增加身障者就業機會，政府引進日本特例子公司作法，結合身心障礙者就業權益及企業社會責任精神，增列第 38 條之 1，凡事業單位所設立之關係企業，僱用身心障礙比例達 20%者，

---

19 蔡明砡：〈保護乎？障礙乎？「視障者不得從事按摩業」法律規定之研析〉，《社區發展季刊》107（2004），頁 335-348。

可與母公司合併計算身心障礙者進用人數，績優者給予獎勵。此項制度也是促進視障者就業的重要法條修正。

增列第 46 條之 1，增訂視障者擔任話務人員之職種，規定政府及公營事業辦理諮詢性電話服務工作，電話值機人數在 10 人以上者，應進用視障者達 1/10 以上。以提供非按摩類的就業機會。

（三）緩和按摩就業保護廢除對視障者所造成的衝擊

政府制定有替代性保護措施，第 46 條第 5 項規定「醫療機構、車站、民用航空站、公園營運者及政府機關，不得提供場所供非視覺功能障礙者從事按摩工作或理療工作」，此 5 大類場所持續保留給視障按摩業，而 5 大地點之外則開放；此外，針對視障者為工作中之弱勢，增列第 60 條之 1 規定政府應辦理視障者生活及職業重建服務，以及第 69 條之 1 設立以從事按摩為業務之勞動合作社，並依法營業稅稅率課稅。

第五節　各國視覺障礙者的職業政策

在所有身心障礙類別中，視覺障者的就業率一直是屬於較低的一類。[20]障礙程度愈重者遇到的就業困難與阻力就愈大；而障礙年齡愈早，尤其先天盲的視障生，由於家長過度保護和缺乏生活經驗，常會導致視障生對於職場的想像，和現實的實際職場狀況有很大的差距，而造成就業準備度不夠的現象。另外，視障生對於就業市場的認知差距，以及在就業能力方面的培養明顯不足，往往造成進入一般競爭性職場工作的障礙。[21]不論是已開發國家或開發中國家，視覺障礙者的教育程度越高，其工作

---

[20] 李永昌：〈視覺障礙者工作職類研究〉，《特殊教育與復健學報》11（2003），頁 56。

[21] 花敬凱：〈輔導大專程度以上視覺障礙者進入競爭性就業市場之行動研究-以大學應屆畢業視障生為例〉，《啟明苑通訊》54（2006），頁 11-16。

職類越專業性及特殊性；而教育程度越低者，則較偏向操作性及勞力性質的工作。[22]即使是歐洲的先進國家，英國的視覺障礙者所從事的職類，也多為半技術性或勞力性質的工作。

　　各國視覺障礙者從事按摩業的現象，或許可供政府相關部門在制定視障就業政策的參考：

一、德國法制

　　依德國「按摩師及物理治療師」之規定，此項職業涉及國民健康事項，屬於醫療相關行業，須要完成執業養成訓練，並通過國家考試始得執業。

　　按摩師之養成訓練在國家認可之職業訓練機構進行，課程為期 2 年，內容包括疾病學、解剖與生理學、職業論理與法律、教育學與心理學、運動治療、預防與復健、傳統按摩手技、特殊按摩手技等。課程結束後參加國家考試，考試通過後尚有半年的實習，實習是在醫院或其他適當的醫療機構進行。其執業範圍包括各種按摩手技，水療、冷療與熱療、運動治療與電療。[23]有意進階發展之按摩師，可接受物理治療師養成教育，通過國家考試成為物理治療師，物理治療師之養成訓練為期 3 年，曾受按摩養成教育課程者可抵減 18 個月。

　　該法是一體適用於所有有興趣從事該項職業之人，並未針對視覺障礙者設有特別規定。視障者若有意成為按摩師，得依上述就業促進法及身心障礙者復建與重建法規定申請政府提供相關協助。而按摩師和物理治療師職業訓練機構，有只招收一般學員者，也有兩者都招收之機構，

22　李永昌：〈視覺障礙者工作職類研究〉，《特殊教育與復健學報》11（2003），頁 57。

23　孫迺翊、張桐銳：《按摩業開放後之法制建構規劃-0980120688 研究報告》（行政院勞委會職訓局委託，2010），頁 51-52。

前者如預防復建集團，後者則有「賣茵斯職業促進機構-物理治療方法中心」，其提供適合視障者、聽障者學習的按摩課程以及住宿用餐環境。[24]

二、英國法制

英國視障者能夠回歸主流，與明眼人相同接受完整的物理治療師教育、通過考試並進入醫療機構工作，主要是在教育階段有完善的支援系統，[25]將受教障礙充分排除，物理治療師之國家考試完全不打折，接著就業階段政府繼續給予符合個別需求之服務。[26]

英國視障者擔任物理治療師，始於 1900 年倫敦按摩學校開始招收程度最佳的視障者入學，1915 年起倫敦按摩學校由英國皇家盲人協會（Royal National Institute for the Blind, RNIB）接管，改設為英國盲人按摩訓練機構。課程內容設有運動治療、電療等，至 1956 年，英國盲人協會克服所有儀器操作困難，其所提供課程，已能符合英國物理治療學會所核定的標準。隨著融合教育的興起，視障者進入主流大學接受物理治療教育，英國皇家盲人協會的角色從按摩訓練機構，改變為提供就讀物理治療視障學生克服求學與就業困難協助的支援機構。[27]各階段的服務如下：

（一）專業教育階段

英國有兩大支持系統協助視障者進入物理治療學系就讀，其一為英

---

[24] 孫迺翊：〈視障者按摩保留解除後之法制因應初探〉收於政治大學法學院勞動法與社會中心，《勞動、社會與法》（台北：元照出版公司，2009），頁 352。

[25] 陳奇威：《英國物理治療師支援性法規之初探》參《按摩業開放後之法制建構規劃》，頁 52、233。

[26] 陳奇威：《我國視障者從事醫療按摩之法制建構-以英國視障物理治療師之促進法沉為借鏡》（台北：國立政治大學法律學研究所碩士論文，2011）。

[27] 胡明霞：〈英國視障者的物理治療教育〉，《醫學教育》4.3（2000），頁 281。

國皇家盲人協會所提供的「物理治療支持服務」，另一則為「身心障礙學生學習補助」。「物理治療支援」包含學生進入學校前協助視障生選擇適合的科系，申請學校及面試技巧，進入學校就讀後，該協會針對個別學生之情形，設計出最適合該名視障學生之學習方法、提供盲用書籍或以貸款、出借等方式協助視障學生獲得學習物理治療課程所需之軟、硬體設備；至於「學習補助」主要針對因視障因素導致學習上額外之費用，包括學習所需之專業設備、非醫療專業輔助人員、因身障所致之額外交通費用支出等。

（二）在物理治療師考試

視障學生仍須修習完成所有物理治療學系之必修學分課程，取得學位，並參加國家考試。就此而言，與明眼人並無不同。

（三）就業階段

視障者通過物理治療師之考試、取得資格後，英國皇家盲人協會之「物理治療支援服務系統」仍繼續協助銜接至一般身障者之就業促進措施（Access to Work Scheme），申請個別化服務，其服務範圍包括：陪同面試溝通、就業輔導員協助視障物理治療師熟悉工作環境、物理治療師赴醫院以外處所提供服務時交通費用補助，以及工作環境之職務再設計。所謂工作環境之職務再設計，是指作為物理治療相關器材如電療器等設備加裝語音功能，以利視障物理治療師操作。[28]

三、日本法制

依日本現行按摩師法規定，按摩、マッサージ、指壓師、針師、灸

---

[28] 孫迺翊、張桐銳：《按摩業開放後之法制建構規劃-0980120688 研究報告》，頁 52、237-238。

師等證照，應考人必須具備「就讀大學資格」，在文部科學大臣核定或厚生勞動大臣核定之養成機構，接受 3 年之法定訓練課程，並通過厚生勞動省舉辦之國家考試及格，於厚生勞動省完成登錄，始得執業。[29]

在日本，按摩、指壓和針灸是不分明、盲均得從事之行業，不過日本政府針對視障者設有專門養成訓練機構，全國 71 所盲校，64 所職業訓練機構、10 所重建中心均設有三療專業培訓課程。其中筑波大學附設盲校最具特色，涵蓋幼稚部到高等部，以及專攻科的學制齊全，招收學生以先天性全盲生為主，是日本全國 71 所盲校中惟一由國家設立的專門養成訓練學校，也是培育三療師資惟一的大學。該校高等部之針灸手技療法科與理學療法科修業期間 3 年，針灸手技療法研修科修業期間 1 年，修習約 77 門課，2,300 小時之課程，涵蓋東方傳統醫學和西方醫學理論，畢業取得大專之學歷。在就業方面，修習三療課程完畢、通過國家考試之視障者，得受僱於醫療機構或診所，或自行開設理療院，也有不少受僱於大型按摩保健公司。[30]

四、中國大陸法制

中國大陸設有醫療按摩人員制度，中國政府雖於 1997 年頒布「盲人醫療按摩人員評聘專業技術職務有關問題」的通知，確立現行醫療按摩與保健按摩之區分，但 1998 年制定「執業醫師法」，要求從業醫師須經考試合格後才能取得執業醫師執照，而盲人無法完成考試科目中之形體觀察、X 光片解讀等，因此實質上該法頒布阻絕盲人成為按摩師之可能性，部分已經在醫療機構中從事醫療按摩工作的盲人醫療按摩人員被迫

---

[29] 陳耀祥：《日本視障者從事按摩業之管制與促進》參《按摩業開放後之法制建構規劃》，頁 54、228。

[30] 孫迺翊：〈視障者按摩保留解除後之法制因應初探〉參《勞動、社會與法》，頁 359-360。

離職，直到 2009 年頒布「盲人醫療按摩管理辦法」後，才又重新建立「醫療按摩」與「保健按摩」兩種制度。[31]

中國大陸現行法制下，「醫療按摩人員」是指在醫療機構從事按摩推拿之人員，視障者與非視障者均得從事此項工作，但須依照「執業醫師法」之規定取得執業醫師之資格，惟「盲人醫療按摩管理辦法」對於盲人從事醫療按摩工作設定其執業範圍，盲人醫療按摩人員不得從事按摩推拿以外之醫療、預防與保健，亦不得開具藥品處方及醫學診斷證明，或其他與盲人醫療按摩無關之醫學證明文件（第十一條），就其執業範圍而言，較屬於醫囑執行者，與一般執業醫師有別。取得盲人醫療按摩人員資格者，得於醫療機構工作，這是盲人醫療按摩管理法的重要貢獻，但值得注意的是，該項辦法也限定了盲人醫療按摩人員的執業範圍，其職級晉升上也明顯落後於非視障者。[32]

「盲人醫療管理辦法」將盲人醫療按摩人員分為初、中、高三級，目前主要的進入管道是接受中等專業以上教育，並通過盲人醫療按摩人員考試，尤其中級以上醫療人員，必須具備盲人按摩大學本科畢業之學歷，就此中國有多所大學如長春大學、南京中醫藥大學、新疆盲校與北京聯合大學都設有盲人高等教育按摩推拿大專班，就教育和考試兩階段的銜接而言，較我國現行制度更為完善。[33]

至於保健按摩，在中國大陸同樣是視障者與非視障者均得從事之工作，依「保健按摩師國家職業標準」分為初級、中級、高級及技師四個等級，在養成訓練上，保健按摩師並未將高中、大專以上學歷設為門檻，

---

31 張巍：《大陸盲人按摩業發展與規制簡析》參《按摩業開放後之法制建構規劃》，頁 55、242。

32 張巍：《大陸盲人按摩業發展與規制簡析》參《勞動、社會與法》，頁 387。

33 張巍：《大陸盲人按摩業發展與規制簡析》參《勞動、社會與法》，頁 388。

而是同步採認一定年資之工作經驗或參加每一級別標準訓練課程並通過考試，作為逐級晉升之要件。中國政府對於盲人保健按摩師之就業促進措施，以協助其開設保健按摩店或自營作業為主，例如補助開辦費用、提供租金優惠、免息貸款、行政程序優先處理，就此各省又有不同的補助項目或獎勵措施。[34]

綜合上述，各國在執業範圍，除中國盲人醫療按摩管理辦法對視障者與非視障者醫療按摩人員之執業範圍作差別規範，盲人醫療按摩人員須遵循醫囑執行者外，其餘在英國、德國、日本，只要通過國家考試在執業內容上完全相同，不做明、盲之區分，且其執業範圍較我國去醫療化之視障按摩更為廣泛，英國物理治療師執行之業務範圍與一般物理治療師相同，德國按摩師得為患者進行水療、電療等，日本三療按摩師則得執行針灸，這些項目分別為各國養成教育之內容。

按摩養成訓練，英國及日本將按摩列為醫療相關工作，對於從事該工作人員設有較為嚴格之能力上的要求，因此訓練或教育期間較長，必須通過國家考試取得證照始得執業。這些基本的養成與考試規範，均一體適用於明眼人與視障者，證照制度、執業範圍與其養成教育三者具有密切關連，醫療性越高、執業範圍越不以手技為限，越需要長期和完整的訓練課程。相較之下，我國視障按摩業的訓練養成時間較短，一般為3～6個月；日本則需3～5年的養成時間，而且指定在國家認定的機構內訓練，更突顯出我國視障按摩僅能被衛生署界定為傳統療法，而非日本將三療定位為類似醫療行為，以及在醫師的處方下享有健保給付之差異。

我國技術及職業教育之主管機關為教育部，而職業訓練則歸屬於行

---

[34] 張巍：《大陸盲人按摩業發展與規制簡析》參《勞動、社會與法》，頁389。

政院勞委會主政。在強調專業化、多元化，以及落實證照制度，提升視障者就業能力的前提下，若能由國家提供認可的專業機構，提供視障者（尤其是中途失明者）較完整之專業訓練，並且將訓練時間延長，是值得開立訓練班級時可以借鏡的地方。

五、中醫醫事輔助人員特種考試

中醫不論內科、針灸與傷科醫師皆有輔助人員之需求，在遵循教考訓用的原則下培養具合法中醫輔助人員證照之中醫輔助師，使之成為協助中醫師執行業務之助手，尤其是紛擾多年的中醫傷科推拿人員問題，一直是傷科門診醫師揮之不去的難題。

民國 108 年（2019AD）中醫師公會全國聯合會為預防未辦理學校教育導致中醫院所長期缺乏醫事輔助人員，而制定「中醫醫事輔助人員法」草案。明訂『在中醫醫事輔助人員法施行五年後，衛生主管機關、教育部、醫事院校等單位若未能配合中醫醫事輔助人員法辦理中醫醫事輔助人員的教考訓用之接軌；為社會民眾需要及中醫院所之醫事輔助人員需求，政府應辦理『中醫醫事輔助人員特種考試』（第二階段），迄公私立醫藥學校廣設中醫醫事輔助人員系所，中醫院所輔助人才充足，始得停辦特考。』法案公布後有 5 年的過度期，明訂中醫醫療院所現任員工依大學、高中、國中學歷者各須有多年在職資歷（表 5.2），得修習一定學分，報考取得相關醫事輔助人員證照。[35]

---

[35] 參中醫師公會全國聯合會第八屆第三次會員代表大會會議結論。

表 5.2、中醫醫事輔助人員特種考試資格

服務年資	學歷
1 年以上	具現行醫事人員資格者
2 年以上	專科以上學校畢業
3 年以上	高中、高職畢業
6 年以上	曾修習相關繼續教育學分達 160 小時以上

　　筆者認為「中醫醫事輔助人員特種考試」的設立，啟動中醫輔助人員制度建立，過度期以醫醫療院所現任員工依其年資與學歷輔導其取得資格，中醫院所在本法指定基準日後即不得進用無證照人員。符合目前中醫醫事輔助人員缺乏之窘況，而且「中醫醫事輔助人員特種考試」報考門檻較昔日中醫師特考嚴格，可自然淘汰不適任者，例如不諳文筆考試者可以隨時辭職他就，或五年未能考取證照而離職。在講求專業化的時代，提升中醫師的執業層次。對於欲從事中醫醫事輔助人員者，也是一個取得能力證明的機會。

第六章、結論

　　臺灣視障者從事按摩產業，歷經日治時期與國民政府二個不同的政治制度，在視障教育政策與職業訓練上，有截然不同的樣貌。

一、視障者為弱視中的弱勢，需要政府輔導

　　根據衛生福利部截至民國 105 年（2016AD）年底的統計調查，臺灣的視障人口統計總數約 5 萬 7 千餘人，其中有 80%為中途失明者。[1]民國 89～105 年（2000～2016AD）因疾病造成視覺障礙比率最高，其中男性視覺障礙人數皆高於女性；壯年人口之視覺障礙人數隨年代變遷有上升趨勢。年齡在 18～-55 歲的中途失明者多為家庭經濟的主要支柱，生活突遭變故，首當其衝的現實困境是經濟壓力，除了少數特殊案例能接續過去明眼時期之專業學習或職業外，多數常因視力喪失，導致被迫離職，或無法在原職上持續。

　　促進身心障礙者充分的社會參與，「就業」是一重要途徑。視障者人數不多，僅占身心障礙者的 4.9%，是弱勢中的弱勢，在職業的教考訓用上，若無政府的協助，他們很難向前跨越。民國 69 年（1980AD）《殘障福利法》制定時，將視障按摩保留規定於第 18 條規定：「非本法所稱視覺殘障者，不得從事按摩業。但醫護人員以按摩為病患治療者，不在此限。」賦予視障按摩保留制度之法律基礎。「按摩業」雖是勞力的工作，但是其自主性高，視障者可以自己獨立完成，只要是不偷懶、肯出力、技術達到水平，其收入是足以維持養家活口。一直以來，視障者就在這個優惠性差別待遇保護傘下，靠著雙手自力更生。

　　民國 97 年（2008AD）大法官 649 號釋憲後，按摩業已不再受保障，但是盲校或視障機構所提供的職訓仍是以按摩為主，我們理應為這相對

---

[1] 衛福部（2017）身心障礙者生活狀況及需求調查。
http://dep.mohw.gov.tw/DOS/np-1714113.html。

多數的視障按摩工作者謀取更大的利益，思考如何提升其按摩專業知識與技能，是否符合視障者的職場需求，而不是將按摩業歸類為救濟職類，僅著重在創造業機會，而不注重專業發展，而任其自生自滅；又或者一味的想創造新的職種而花費大量的人力、物力而又效果不彰。尤其是未來的科技進步變化很大，人工智慧取代人力勢在必行，雖然《身心障礙者權益保障法》第 46 條第 5 項規定：「醫療機構、車站、民用航空站、公園營運者及政府機關，不得提供場所供非視覺功能障礙者從事按摩或理療按摩工作。」但仍有業者規避法律，在車站等公共場所設置按摩椅，提供廉價的按摩（每 6 分鐘 10 元）與視障者爭利。視障按摩純粹是人工操作，每 10 分鐘 100 元，只能處理一個部位，而按摩椅則是 60 分鐘 100 元，可以從肩部一直按摩到腰部，兩相比較下，視障者若無技術水平是無法謀生。因此更需要政府的協助，讓他們在技術層面上向前跨越一步。

二、視障按摩業必須再教育

我國對於先天視障者之職業養成是透過學校教育體系，較後天失明者之職業養成資源豐富。視障按摩的養成教育主要途徑有二，啟明學校高職部設有按摩理療科，提供先天失明學生選修，中途失明的視障者則是到重建院（臺灣盲人重建院、慕光盲人重建院）或是勞委會補助民間開辦短期職業訓練班學習按摩。

目前視障者執業至少要通過丙級技術士考試，有許多視障者（包括先天與中途）就業之後就一套按摩技術用一輩子，加上視障團體也沒有所謂的在職進修制度，因此技術層級無法跟得上社會的需要。若能每年定期舉辦在職進修，聘請學有專精者演講或與國外視障團體學術交流，必可提昇他們的專業程度，同時也可為將來的師資作準備。例如亞太地區世界盲人按摩聯盟（World Blind Union Asia Pacific Regional Massage

Commission）定期舉辦按摩學術研討會，提出各國視障就業政策、按摩教育、各種按摩手法、理療等研究成果，是值得參與的盛會。但是臺灣並未被列入名單之中，因為在臺灣視障按摩只是救濟政策下的職種，並無學術研究的訓練，無法提出研究論文。因此，要提昇視障按摩的層次，在職再進修是一個重要的開端，透過專家的演講、交流提供新知，開擴按摩工作者的眼界。

三、按摩師再分級

　　醫療環境受到法律的制約與影響，醫藥從業人員的資格認定、執業、經營等，都與法律相關。按摩雖然是勞力的工作，也屬於健康休閒產業的一環，臺灣有龐大的按摩相關行業，只要不用「按摩」兩字為店招，社政主管單位認定其為非按摩業；而衛生單位則認為其為民俗療法，而不列入醫療管理，民國 82 年（1993AD）11 月 19 日衛署醫字第 82075656 號函，將接骨以外之民俗療法公告為不列入醫療管理之行為，主要是因應相關業者所作之抗爭的折衝。

　　民國 99 年（2010AD）3 月 5 日監察糾正衛生署：「82 年間將民俗調理行為不列入醫療管理行為所公告內容之文義有錯誤，多年來對於該等行為之安全及品質把關機制付之闕如，監督管理措施故步自封，確有違失。」[2] 整個糾正案是在期許民俗療法仍須建立安全及品質把關機制，可能涉及的醫療行為更為謹慎的管理，而非僅放任其自律。民國 108 年（2019AD）11 月 3 日，勞動部勞動力發展署技能檢定中心辦理第一次民俗調理業傳統整復推拿考試，報考者必須通過 246 小時課程，涵蓋學科、術科，以及 18 小時法規教育課程。透過證照制度的建立，強化從業人員法制觀念，也保障消費者權益，可謂是民俗調理業者對於本身職業

---

[2] 院臺衛字第 0990022334 號，《監察院公報》，2717（2010），頁 34-36。

安全及品質把關。

大法官第 649 號釋憲後開放按摩業，視障者就業趨向多元面向，但是按摩業的收入是相對較其他職類高，所以是視障者最多選擇之職業。大陸在視障職業教育上的措施，或可做為相關單位在制定職業教育政策時的參考，透過確實的教、考、訓、用，並提供系統性的轉銜服務支援，對於提高視障按摩業專業技術、師資培訓將有所提升。

筆者建議臺灣的按摩產業，應該跟上社會需要，無論眼明或視障者應有分級制度，共分為按摩師、指壓師、民俗調理師與訓練師四級（表6.1）。認一定年資之工作經驗，或參加每一級別標準訓練課程後，並通過考試，作為逐級晉升之要件。如此一來工作者才有進修的動力，對於消費者也是一種保障。

表 6.1、按摩師分級

級別	必備資歷
按摩師	通過按摩師考試者
指壓師	通過按摩師考試，並執業滿 2 年，通過指壓師考試者
民俗調理師	通過指壓師考試者，並執業滿 2 年，通過民俗調理師考試者
訓練師	通過民俗調理師考試，並執業滿 3 年者，通過訓練師考試者

四、提昇視障者的學歷

視障者並非都是全盲，有些是弱視，有部分視力。其中聰穎者大有人在，願意從事理療按摩與再進修者也同樣大有人在，只是苦無門路。民國 80 年（1991AD）曾有針對「盲人的職業教育」提出升級為專科學校、增加物理治療的學科等，來提升盲人的理療能力，但卻一直沒有實現。理療按摩制度反映視障按摩醫療化的希望，時代在進步，國民教育

水準大幅提高，目前兩所啟明學校仍然是高中（職）的程度。反觀民國
100 年和 102 年所謂的護士、物理治療生都已停止證照考試，將來從事
理療的按摩，必須是大學以上的學歷。視障按摩的養成教育缺乏大專以
上科系配合，無論就視障者個人而言或就視障按摩業整體產業而言，實
質上都阻礙了專業提升的空間。

「教、考、訓、用」制式途徑是我國確保專門職業及技術人員專業
知識與技術能力之主要機制，視障理療按摩若依「教、考、訓、用」的
制式途徑，除了要考慮建立適合視障者之特殊教育管道，包括設立專門
之訓練機構，也需考試院辦理特殊的考試，相關環節都需要直接於法律
中明定。但是，醫事人員職系的新增設立並非容易的事，或許就目前現
有資源，增加視障者大專人才各種專業能力的培養，對視障者投入理療
的按摩工作，將會有很大的提升。

設置乙級按摩技術士考試的初衷，是希望透過技能考試，提升視障
按摩的程度，並可進入中醫醫療院所，從事傷科推拿助理之工作。因此
按摩乙級術科考試內容為四十病例，共分為關節損傷、關節炎、麻痺、
神經痛與其他五大類（表 4.3），多是中醫傷科常見的疾病。目前，民國
108 年（2019AD）中醫師公會全國聯合會制定「中醫醫事輔助人員法」，
為未來中醫醫事輔助人員催生，目前有 5 年的過度期，是否在資格認定
上，對於有志從事中醫針傷科醫事輔助人員(中醫康復人員)，且領有按
摩乙級技術士證的視障者，也能比照辦理，給予他們另一個工作管道。
甚至未來設立中醫醫事輔助人員相關科系時，視障者也能報考並投身於
醫療按摩的行列。

五、危機也是轉機

民國 97 年（2008AD）10 月 31 日司法院釋字第六四九號大法官解

釋，宣告視障按摩保障違憲後，按摩市場的競爭者增加，視障者的服務品質面臨更大的考驗。但是，若將危機視之為轉機也是另一個按摩業再創高峰的機會，過去雖有視障按摩保障條款，但是明眼人常將色情按摩與視障按摩混為一談，對視障按摩帶有異樣眼光，如今全面開放後，反而讓視障按摩與色情按摩區隔開，現代的按摩小站採用開放式格局，並有專人打掃或是招呼服務，相較之下較易被接受；即使是傳統的按摩院也有定期的評鑑，全面性而言環境衛生的水準提高。傳統按摩是全身按摩，而且是高消費，不是一般市井小民負擔得起；如今則有所謂的「拆解式按摩」，依顧客的需要而分部位處理與收費，因此，較符合市場的機制與需求。

　　自由市場良性競爭下，視障者並非都是處於弱勢，惟有透過確實的教考訓用，以及在職再進修，在理論與實務上下工夫，確實的採用分級制度，才能與時俱進，具有專業的水準，不致被社會所淘汰。

參考文獻

一、中文部分

（一）圖書

1. 中醫古籍

〔東漢〕許慎：《說文解字》（台北：頂淵文化，2003）。

〔隋〕巢元方：《諸病源候論》（台北：牛頓，1990）。

〔唐〕孫思邈：《千金要方》（台北：國立中國醫藥研究所，1990）。

〔明〕張介賓：《類經》（台北：新文豐出版公司，1976）

〔明〕楊繼洲：《針灸大成》（北京：中醫古籍，1998）。

〔清〕張振鋆：《釐正按摩要術》（台北：武陵，1991）。

〔清〕張隱庵註：《黃帝內經素問集註》（台北：牛頓，1990）。

2. 文史類論著

丸山芳登：《日本領時代に遺した臺灣の醫事衛生業績》（臺北：丸山芳登，1957）。

大河原欽吾：《盲教育概論》（東京：培風館，1938，國立公共資訊圖書館館藏）。

中山太郎：《日本盲人史》（東京：成光館出版社，1937，國立台中圖書館館藏）。

吉野秀公：《台灣教育史》（出版地與出版單位不詳，1927）。

佐藤會哲：《臺灣衛生年鑑》（台北市：台衛新報社，1932）。

東京盲學校編：《東京盲學校六十年史》（東京：東京盲學校，1935）。

杵淵義房：《臺灣社會事業史》（臺灣：德友會，1940）。

漢珍數位圖書編：《臺灣人物誌》（台北：谷澤書店，1916）。

臺北州立臺北盲啞學校：《臺北州立臺北盲啞學校一覽》（臺北：大明社，1935）。

臺南州立臺南盲啞學校：《臺南州立臺南盲啞學校一覽》（台南：台灣日日新報社台南支局，1936）。

臺灣總督府文教局：《臺灣總督府學事第二十二年報》（台北：吉村商會，1926）。

臺灣總督府警務局：《臺灣衛生要覽》（臺北：小塚本站印刷工場，1925）。

臺灣總督府警務局衛生課編輯：《臺灣の衛生 昭和十二年版》（臺北：臺灣總督府警務局衛生課，1937）。

臺灣總督府警務局衛生課編輯：《臺灣の衛生 昭和十四年版》（臺北：臺灣總督府警務局衛生課，1939）。

3. 中文論著

中華民國特殊教育學會：《生命的挑戰》（台北：心理出版社，1993）。

王育瑜：《身心障礙者定額進用制度之研究報告》（台北市：行政院勞工委員會職業訓練局）。

文部省學校評量標準制定委員會，張勝成、陳騰祥譯：《日本學校評量標準及其實施》（彰化縣：彰化師大學特殊教育學系，1996）。

甘為霖著，林弘宣、許雅琦、陳珮馨譯：《素描福爾摩沙：甘為霖臺灣筆記》（臺北：前衛，2009）。

行政院衛生署：《復健醫療工作手冊》）（台北：行政院衛生署，1992）。

吳若石、鄭英吉：《吳神父新足部健康法》（台北：文經社，2001）。

呂淑貞、黃曼聰：《台北市視覺障礙者生理心理社會適應調查》（台北：台北市政府局委託研究，2010）。計畫案號：0980120688。

李世敏:《怎樣正確有效做腳底按摩)(台北:文經出版社有限公司,1992)。

李秀鳳主編:《2010 年開創視覺障礙者多元就業之探討國際研討會論文集》(臺北市：臺灣數位有聲習推展學會)。

李園會:《日據時期臺灣教育史》(台北：國立編譯館,2005)。

林獻堂著,許雪姬、何義麟編:《灌園先生日記（十四）：一九四三年》(臺北：中央研究院臺灣史研究所籌備處,中央研究院近代史研究所,2008)。

林獻堂著,許雪姬、何義麟編:《灌園先生日記（四）：一九三一年》(臺北：中央研究院臺灣史研究所籌備處,中央研究院近代史研究所,2001)。

林獻堂著,許雪姬、周婉窈編:《灌園先生日記（五）：一九三二年》(臺北：中央研究院臺灣史研究所籌備處,中央研究院近代史研究所,2003)。

林獻堂著,許雪姬、張季琳編:《灌園先生日記（十二）：一九四o年》(臺北：中央研究院臺灣史研究所籌備處,中央研究院近代史研究所,2006)。

林獻堂著,許雪姬主編:《灌園先生日記（一）：一九二七年》(臺北：中央研究院臺灣史研究所籌備處,中央研究院近代史研究所,2000)。

林獻堂著,許雪姬編:《灌園先生日記（十一）：一九三九年》(臺北：中央研究院臺灣史研究所籌備處,中央研究院近代史研究所,2006)。

政治大學法學院勞動法與社會中心:《勞動、社會與法》(台北：元照出版公司,2009)。

孫迺翊、張桐銳:《按摩業開放後管理之法治建構規劃》(台北：行政院勞委會職訓訓練局,2005)。

浪越徹：《完全圖解指壓療法》（台中：大坤書局，1996）。

常存庫、吳鴻洲、和中凌等：《中國醫學史》（北京：中國中醫藥出版社，2003）。

張訓誥：《特殊教育的省思》（台北：五南，1988）。

張麗俊作，許雪姬、洪秋芬、李毓嵐編纂・解讀：《水竹居主人日記（七）》（臺北：中央研究院近代史研究所；臺中：臺中縣文化局，2004）。

教育部：《教育部特殊教育工作小組參考手冊》（台北：教育部，1999）。

莊永明：《臺灣醫療史：以臺大醫院為主軸》（台北：遠流出版社，1998）。

郭為藩、陳榮華：《特殊兒童心理與教育》（台北：中國行為科學社，1983）。

陳昭儀：《二十位傑出發明家的生涯路》（台北：心理，1991）。

勞動部勞動職業安全衛生研究所：《人因工程肌肉骨骼傷病預防研究重要績效輯》（台北：勞動部勞動及職業安全衛生研究所：勞工安全衛生展示館，2014）。

萬明美：《視覺障礙教育》（台北：五南，1996）。

潘稀祺編著：《臺灣盲人之父-甘為霖博士》（台南：人光出版社，2004）。

蔡龍雄：《九十年來台北啟明史》（台北：自行出版，2006）。

魯牧：《圖解足部按摩》（台北縣：協合文化，2002）。

藍科正：《嘉義市政府 96 年度視覺障礙者就業狀況與需求調查》（嘉義市政府，2007）。

（二）期刊論文

〈木村謹吾氏〉《岳友》6（1937），頁 78-81。

屯山人：〈臺灣人の新感新想–臺南の郭主恩君〉，《臺法月報》8.4（1914），頁 35-37。

木村謹吾：〈臺北訓盲院設立趣意書〉，《北明叢書》38（2012），頁 11-12。

木村謹吾：〈失明防止與視力保存〉，《社會事業之友》72（1934.11），頁 13-23。

木村謹吾：〈弱視兒童教育〉，《社會事業之友》17（1937.11），頁 11-20。

王亦榮：〈台灣省視覺障礙兒童混和教育計畫巡迴輔導問題及其因應之研究-視障教育巡迴輔導員的觀點〉，《特殊教育與復健學報》5（1997），頁 97-124。

王育瑜：〈障礙團體設立之按摩中心的充權效用評估：以台北市為例〉，《臺大社工學刊》9（2004），頁 85-136。

王育瑜：《台灣視障者的職業困境–以按摩業為例的分析》（台北市：國立政治大學社會學研究所碩士論文，1995）。

王育瑜、李婉萍：〈政策風暴下的視障按摩社群：社群能力建構歷程的觀察〉，《臺灣社會工作學刊》9（2010），頁 1-40。

王育瑜：〈視障按摩多元職業類型演變與按摩弱勢型態分析〉，《台灣社會研究季刊》83（2011），頁 37-93。

王國羽、洪惠芬、呂朝賢：〈加拿大、荷蘭與丹麥身心障礙者所得保障政策之比較：台灣可以學什麼？〉，《台灣社會福利學刊》5（2004），頁 33-82。

王淑冠、章美英、陳素秋、失美綺、劉介宇：〈足反射區按摩對腦性麻痺學齡前兒童粗動作發展、吞嚥及咀嚼的成效探討〉，《中西醫結合護理雜誌》2（2012），頁 44-56。

台灣慣習研究會：《台灣慣習記事》5.4（1905），頁 60-62。

白郁翔：《視障者多元化就業之敘說研究》（新莊：輔仁大學社會工作學系碩士論文，2016）。

江青波：〈中國推拿學簡史〉，《遼寧中醫》9（1965），頁 9。

行政院衛生署全民健康保險爭議審議委員會：〈白內障手術治療〉，《台灣醫學》8.3（2001），頁 382-384。

何世芸：〈從司法院釋字第六四九號談視障者的賦權增能〉，《國小特殊教育》51（2011），頁 84-94。

含建平：〈晚清基督新教盲教育〉，《湖北教育學報》24.4（2007），頁 99-101。

吳文智、鄭建民、吳秋明、黃新作：〈足底按摩之整體生物能量分析〉，《高應科大體育學刊》10（2011），頁 143-153。

吳秀照：〈從理論到實踐-身心障礙者就業服務之理念與服務輸送的探討〉，《社區發展展季刊》11（2005），頁 104-116。

吳武典：〈臺灣特殊教育綜論（一）：發展脈絡與特色〉，《特殊教育季刊》129（2013），頁 11-18。

呂思嫻、林雅容、邱大昕：〈台灣女性視障按摩師的職污名管理〉，《身心障礙研究》11（2013），頁 101-115。

呂思嫻、邱大昕：〈是按摩也是管理：探討女性視障按摩師如何維持勞動時的身體疆界〉，《身心障礙研究》9.4（2011），253-268。

李永昌：〈視覺障礙者工作職類研究〉，《特殊教育與復健學報》11（2003），頁 51-73。

李佩容：《視障按摩工作者的工作狀況與職場健康-以台北市為例》（台北：臺灣大學公共衛生學院健康政策與管理研究所碩士論文，2013）。

李宜樺：《屏東縣視障按摩業者經營模式與因應策略之探討》（高雄市：樹德科技大學經營管理研究所碩士論文，2009）。

李美英、呂素英、黃鳳玉：〈精油按摩之疼痛療效-以某醫學中心安寧病

房為例〉,《榮總護理》25.1（2008），頁 53-59。

李菁華：《自雇型視障按摩師行銷困境與行銷需求調查研究》（彰化：國
立彰化師範大學特殊教育學系教學碩士班碩士論文，2008）。

周至：〈談隋唐時期的導引按摩〉,《按摩與導引》19.3（2003），頁 5-6。

周美田、周珮琪、李德茂、周立偉：〈從生命教育與重建探討中途失明者
從事按摩業〉,《身心障礙研究》16.1（2019），頁 36-53。

周美田、周珮琪、李德茂、周立偉：〈視障者留日學習理療按摩與國內就
業環境演變之探討〉,《身心障礙研究》17.1（2019），頁 36-53。

東京府：〈東京盲啞學校畢業室〉,《婦人和小孩》316（1903.6），頁 70。

林金定：〈身心障礙概念發展〉,《春暉》,20（1998），頁 2-3。

林金定：〈智能障礙科學研究與發展-趨勢與展望〉,《身心障礙研究季刊》
2.3（2004），頁 126-133。

林昭吟：〈我國公部門身心障礙者定額進用實施之多面向檢視〉,《東吳社
會工作學報》26（2014），頁 47-75。

林進登：《吳若石神父足部健康法在台灣發展之研究（1970-2005）》（台
東：台東大學體育學系碩士論文，2005）。

林隆光：〈近視的流行病學〉,《健康世界》167（1989），頁 91-93。

武彥（2016），〈日本盲人針按業的變遷及其影響〉,《中國針灸》36（1），
頁 85-90。

花敬凱：〈輔導大專程度以上視覺障礙者進入競爭性就業市場之行動研究
-以大學應屆畢業視障生為例〉,《啟明苑通訊》54（2006），頁 11-16。

邱大昕：〈盲流非盲流：日治時期台盲人的流動與遷移〉,《臺灣史研究》
22.1（2015）頁 1-24。

邱大昕：〈被忽略的歷史事實：從視障者工作演變看大法官釋字第六四九號解釋〉，《社政策與社會工作學刊》13.2（2009），頁 55-86。

邱大昕：〈為什麼馬殺雞？視障按摩的行動網路分析〉，《台灣社會研究季刊》83（2011），頁 5-36。

邱大昕：〈臺灣早期身心障礙社會工作初探：以甘為霖的盲人工作為例〉，《當代社會工作學刊》，7（2015），頁 73-96。

邱品潔：《大法官釋字第六四九號解釋對視覺障礙按摩業者就業影響之研究》（嘉義市：國立中正大學勞工關係學系碩士論文，2013）。

金琳：〈臺灣盲人重建院〉，《健康世界》（2003），頁 36-37。

柏廣法：《視覺障礙者大學畢業後工作壓力來源與因應方式之研究》（彰化：國立彰化師範大學特殊教育研究所碩士論文，1998）。

柯明期：《中途失明者適應與重建研究》（台北市：國立臺灣師範大學特殊教育研究所碩士論文，2003）。

洪伯廷：〈認識白內障〉，《健康世界》23（1977），頁 16-18。

胡佩君：《消費者接受視障按摩服務品質重視度與滿意度研究-以高雄市為例》（台南市：台南大學特殊教育學系碩士論文，2015）。

胡明霞：〈英國視障者的物理治療教育〉，《醫學教育》4.3（2000），頁 281。

袁志海：〈香港特別行政區內身心障礙者的自力更生〉。論文發表於「國際接軌，權利躍進」國際研討會論文集，台北：台大醫院，財團法人中華民國殘障聯盟主辦，2008 年 12 月 8-9 日。

高宗桂：〈台灣中醫推拿的源流與發展〉，《中華推拿與現代康復科學雜誌》2.1（2005），頁 1-6。

高宗桂、陳潮宗、陳旺全：〈中醫傷科輔助人員歷史考察與現代需求〉，《台灣中醫科學雜誌》10.1（2018），頁 38-45。

張芳滿、陳五福：〈慕光盲人重健中心學生失明原因統計〉，《中華民國眼科醫學會會刊》25（1986），頁 712-717。

張彧：《按摩從業人員肌肉骨骼疾病盛行率及成因調查》（台北：國立台灣大學公共衛生學院職業醫學與工業衛生研究所博士論文，2007）。

張國萍：《視障按摩人員關係行銷、專業能力、關係品質與購買行為之研究–以臺南視障按摩為例》（高雄：高苑科技大學企業管理系經營管理碩士論文，2016）。

張瑞明：〈關於按摩手法分類及有關問題探討〉，《按摩與導引》20.1（2004），頁 6-7。

許文賓：《台北市政府定額進用身心障礙者之政策評估》（新北市：國立臺北大學公共行政暨政策系碩士論文，2010）。

郭明、董安立、劉芳齡：〈美式脊椎矯正學為脊椎疾病康復干預注入新的內容與活力〉，《中國組織工程研究與臨床康復》11.27（2007），頁 5411-5413。

郭昱呈、林藍萍、徐尚為、林金定：〈我國視覺障礙人口與致殘成因長期變化趨勢分析〉，《身心障礙研究》13（2015），頁 107-118。

郭峰誠、張恆豪：〈保障還是限制？定額進用政策與視障者的就業困境〉，《臺灣社會研究季刊》83（2011），頁 95-136。

陳世真、程景煜：〈臺灣地區視網膜的盛行和衝擊：相關文獻的回顧〉，《中華民國眼科醫學會雜誌》43（3）2009，頁 237-244。

陳秀雅：〈按摩業相關問題之探討〉，《特教園丁》7（1992），頁 45-48。

陳奇威：《我國視障者從事醫療按摩之法制建構-以英國視障物理治療師之促進法沉為借鏡》，（台北：國立政治大學法律學研究所碩士論文，2011）。

陳怡菁:《台灣青光眼盛行率及青光眼局部眼用製劑之處方趨勢研究》(高雄:高雄醫學大學藥學系碩士在職專班碩士論文,2011)。

陳政友:〈我國學幼童近視問題與對策〉,《學校衛生》63(2013),頁 103-110。

陳智帆、陳立仁:〈糖尿病視網膜病變〉,《社團法人中華民國糖尿衛教學會》9(2013),頁 13-21。

喻淑蘭:《醫療專業的變遷與互動-以中醫傷科醫師、國術館拳頭師傅與推拿技術員為例》(台北:國立台灣大學衛生政策與管理研究所碩士論文)。

曾月霞:〈芳香療法於護理的應用〉,《護理雜誌》52.4(2005),頁 11-15。

曾宿英:《室內輕裝修協助視障按摩業者經營空間的角色探討》(台中:台中科技大學室內設計碩士論文,2014)。

程苡榕:《芳療按摩手技與舒壓關係之研究》(高雄市:樹德科技大學應用設計研究所碩士論文,2011)。

黃宜純、劉波兒、鄭郁筠、王雪貞、吳慧君、邱婉婷、陳怡珊:〈芳香療法臨床運用文獻回顧(1997-2005)〉,《弘光學報》50(2007),頁 81-93。

黃蕙棻:〈中醫傷科後續推拿手法可交由物理治療師(生)執行之可行性評估〉,《中醫骨傷科醫學雜誌》8(2009),頁 15-23。

楊佳靜:《青光眼量性預防醫學與成本效益評估》(台北:臺灣大學博士論文,2008)。

萬明美:〈視覺障礙者從事按摩業之現況及影響其收入之相關研究〉,《特殊教育學報》6(1991),1-47。

臺灣協會:〈臺灣盲生郭主恩〉,《臺灣協會會報》8(1899),頁 59-60。

趙毅：〈按摩科隆慶之變的歷史教訓及反思〉,《上海中醫藥大學學報》21.5
　　（2007），頁 26-28。

趙璟瑄：〈身心障礙者權益保障法定額進用制度之變革與因應〉,《就業安
　　全》6.2（2007），頁 15-21。

潘德仁：〈世界盲教育史〉,《特殊教育叢書》5（1986），頁 157-158，173-
　　188。

潘豐泉、劉育華：〈臺灣推拿從業人員預防職業傷害之研究-以健康訓練
　　模式觀點〉,《寶建醫護與管理雜誌》13.1（2019），頁 88-101。

蔡明砡：〈保護乎？障礙乎？「視障者不得從事按摩業」法律規定之研析〉,
　　《社區發展季刊》107（2004），頁 335-348。

蔡瓊瑤、黃榮輝：〈臺北市視覺殘障者失明原因之研究報告〉,《中華民國
　　眼科醫學會雜誌》22（1983），頁 286-296。

鄭伊甯：《芳香療法對改善延遲性肌肉酸痛的評估》（台中：國立中興七
　　學運動與康管理研究所碩士論文，2012）。

鄭靜瑩：〈輔助科技設備對低視力病患生活品質與獨立行動能力的影響〉,
　　《特殊教育與復健常報》22（2010），頁 43-64。

鄭靜瑩、蘇國禎、孫涵瑛、曾廣文、張集武：〈專業合作在低視力學生光
　　學閱讀輔具置及其閱讀表現之研究〉,《特殊教育與復健常報》21
　　（2009），頁 49-74。

賴寶琴：《足部按摩治療末期腎疾病患者之成效探討》（台北市：台北護
　　理學院護理研究所碩士論文，2005）。

羅婷蕙、紀璟琳：〈中國傳統推拿療法之基本手法及其功效〉,《中臺學報》
　　14（2003），頁 203-212。

羅道澤、張翠巖、陳仲達：〈啟明學校兒童視障程度與其原因探討〉,《臺

灣家醫誌》15（2005），頁77-86。

譚彩鳳、陳志政：〈足部按摩改善眠品質-以更年期女性為例〉,《美容科技學刊》10.3（2013），頁19-30。

蘇士博：〈臺灣地區國術館現況分析〉,《體育學報》16（1993），頁165-182。

蘇嫻雅：〈吳神父的健康生活〉,《講義》20.3（1996），頁79-80。

蘇燦煮、鄧素文、楊雅玲：〈接受生殖科技治療姨女面對療失敗之經驗感受與調適行為〉,《護理研究》3.2（1995），頁127-137。

鐘聿琳：〈護理人員對另類醫療應有的認識〉,《台灣醫學》5.3（2001），頁343-347。

（三）網路資源

日治時期期刊影像系統

臺灣政資料庫：《台北廳廳報》

漢珍知識網（報紙篇）：《臺灣日日新報》,《漢文臺灣日日新報》,《臺灣青年》

衛福部（2017）：身心障礙者生活狀況及需求調查，http://dep.mohw.gov.tw/DOS/np-1714-113.html

勞動部勞動力發展署技能檢定中心（2017）：按摩技術士技能檢定，http://www.wdasec.gov.tw/wdasecch/index.jsp

中華民國指壓協會（2017）http://shiatsu265.blogspot.com/

黃奕修：〈30歲起，小心4種眼精病已經找上你〉,良醫健康網,上網日期：2016,12,05。http://health.businessweekly.com.tw/Default.aspx

二、西文部分

（一）**Journal Articles**

Arthur Kleinman (1980, pp26). 1975 Medical and Psychiatric Anthropology and the study of Traditional forms of medicine in modern Chinese culture. Bulletin of the institute of Ethnology Academia Sinica 39:107-123.

Blumenkranz, M. S., Russell, S. R., Robey, M. G., Kott-Blumenkranz, R., Penneys, N. (1986). Risk factors I age-related maculopathy complicated by choroidal neovascularization. *Ophthalmology, 93*:552-558.

Bok, D. (1985). Retinal photoreceptor-pigment epithelium interaction. *Invest ophthalmol Vis Sci, 26*:1659-1694.

Bressler, N. M., Silva, J. C., Bressler, S. B., Fine, S. L., Green, W. R. (1994). Clinic- opathologic correlation of drusen and retinal pigment epithelial abnormalities in age-related macular degeneration. *Retina, 14*:130-142.

Chang, C., Lu, F., Yang, Y. C., et al. (2000). Epidemiologic study of type 2 diabetes in Taiwan. *Diabetes Res Clin Pract 50 Suppl 2*: S49-59.

Chen, M. S., Kao, C.S., Chang, C. J., et al. (1992). Prevalence and risk factors of diabetic retinopathy among noninsulin-dependent diabetic subjects. *Am J Ophthalmol, 114*:723-730.

Chen, S. J., Cheng, C. Y., Peng, K. L., et al. (2008). Prevalence and associated risk factors of age-related macular degeneration in an elderly Chinese population in Taiwan: the Shihpai Eye Study. *Invest Ophthalmol Vis Sci 49*:3126-3133.

Cheng, C. Y., Hsu, W. M., Liu, J. H., Tsai, S. Y., Chou, P. (2003). Refractive errors in an elderly Chinese population in Taiwan: the Shihpai Eye

Study. *Invest Ophthalmol Vis Sci., 44*:4630-4638.

Golberg, I., Clement, C. I., Chiang, T. H., Walt, J. G., Lee, L. J., Graham, S. & Healey, P. R. (2009). Assessing quality of life in patients with glaucoma using the Glaucoma Quality of Life-15 (GQL-15) questionnaire. *J Glaucoma, 18*(1), 6-12.

Guggenheim, J. A., Kirov, G., Hodson, S. A. (2000). The heritability of high myopia: a reanalysis of Goldschmidt's data. *J Med Gene, 37*:227-231.

Higa, A., Nakanioshi-Ueda, T., Arai, Y., Tsuchiya, T., et al., (2002). Lipid hydroperoxide induce corneal neovascularization in hyperglycemic rabbits. *Curr Eye Res.,25*:49-53.

Hsu, W. M., Cheng, C.Y., Liu, J. H., Tsai, S.Y., Chou, P. (2004). Prevalence and causes of visual impairment in an elderly Chinese population in Taiwan: the Shihpai Eye Study. *Ophthalmology, 111*:62-69.

Jang, Y., Wang, Y. T., Lin, M. H. & Shih, K. J. (2013). Predictors of employment outcomes for people with visual impairment in Taiwan: The contribution of disability employments services. *Journal of Visual Impairment & Blindness,* November-December, 469-480.

Kempen, J. H., O'Colmain, B. J., Leske, M. C., et al. (2004). The prevalence of diabetic retinopathy among adults in the United States. *Arch Ophthalmol, 122*:552-563.

Kim, J. H., & Rosenthal, D. A. (2007). An Introduction to the Korean Employment Promoyion for the Disable. *Disability and Rehabilitation, 29*(3): 261-266.

Klaver, C. C., Wolfs, R. C., Assink, J. J., et al. (1998). Genetic risk of age-related maculopathy. Population-based familial aggregation study. *Arch Ophthalmol, 116*:1646-1651.

Klein, R. (1993). Prevalence of age-related maculopathy: The Beaver Dam Eye Study. *Ophthalmology, 99*:933-943.

Klein, R. (2002). Ten -year incidence and progression of age-related maculopathy: The Beaver Dam eye study. *Opthalmology,109*: 1767-1779.

Klein, R., Klein, B. E., Knudtson, M. D., et al. (2006). Prevalence of age-related macular degeneration in 4 racial/ethnic groups in the multi-ethnic study study of atherosclerosis. *Ophthalmology, 113*: 373-380.

Klein, R., Klein, B. E., Knudtson, M. D., Meuer, S. M., Swift, M., Gangnon, R. E. (2007). Fifteen-year cumulative incidence of age-related macular degeneration: the Beaver Dam Eye Study. *Ophthalmology 114*:253-262.

Klein, R., Peto, T., Bird, A., Vannewkirk, M. R. (2004). The epidemiology of age-related macular degeneration.   *Am J Ophthalmol, 137*:486-495.

Kown, Y. H., Fingert, J. H., Kuehn, M. H. & Alward, W. L. (2009). Primary open-angle glaucoma. *N Engl J Med, 360*(11):113-1124.

Li, Y., Xu, L, Jonas, J. B., Yang, H., Ma, Y., Li, J. (2006). Prevalence of age-related maculopathy in the adult population in China: the Beijing eye study. *Am J Ophthalmol, 142*:788-793.

Lin, L. L., Shih, Y. F., Hsiao, C. k., Chen, C. J. (2004). Prevalence of myopia in Taiwanese Schoolchildren: 1983 to 2000. *Ann Acad Med Singapore, 33*:27-33.

Liu, J. H., Cheng, C. Y., Chen, S. J., Lee, F. L. (2001). Visual impairment in a Taiwanese population: Prevalence, Causes, and socioeconomic factors.

Ophthalmic Epidemiol, 8: 339-350.

Mohamed, Q., Gillies, M. C., Wang, T. Y. (2007). Management of diabetic retinopathy: a systematic review. *Jama, 298*: 906-912.

Pascolini, D., Mariotti, S. P. (2010). Global estimates of visual impairment - 2010. *Bulletin of the World Health Organization, 86*: 63-70.

Seligmann, J. (1990). Making the most of sight. *Newsweek, 115(16)*: 92-93.

Smith, W. (1996). Smoking and age-related maculopathy: The Blue Mountain Eye Study. *Arch Ophthalmol, 114*: 518-523.

Smith, W., Assink, J., Klein, R., et al. (2001). Risk factors for age-related macular degeneration: Pooled findings from three continents. *Ophthalmology, 108*: 697-704.

Sperduto, R. D., Seigel, D., Robert, J., Rowland, M. (1983). Prevalence of myopia in the United States. *Arch Ophthalmol,101*: 405-407.

Suzuki, Y., Yamamoto, T., Araie, M., Iwase, A., Tomidokoro, A., et al. (2008).[Tajimi Study review]. *Nippon Ganka Gakkai Zasshi, 112*(12): 1039-1058.

Tamai, K., Spaide, R. F., Ellis, E., et al., (2002). Lipid hydroperoxide stimulates subretinal choroidal neovascularization in the rabbit. *Exp Eye Res, 74*: 301-308.

Tokoro, T. (1998). On the definition of pathologic myopia in group studies. *Acta Ophthalmol Suppl, 185*: 107-108.

Tsai, I. L., Woung, L. C., Tsai, C. Y., Kuo, L. L., Liu, S. W., Lin, S. & Wang, I. J. (2008). Trends in blind and low vision registrations in Taipei City. *Eur J Ophthalmol, 18*(1): 118-124.

Tung, T. H., Chen, S. J., Liu, J. H., et al. (2005). A community -based follow-up study on diabetic retinopathy among type 2 diabetics in Kinmen. *Eur J Epidemiol, 20:* 317-323.

Tung, T. H., Chen, S. J., Shin, H. C., et al. (2006). Assessing the natural course of diabetic retinopathy: a population-based study in Kinmen, Taiwan. *Ophthalmic Epidemiol,13*: 327-333.

Tung, T. H., Shih, H. C., Chen, S. J., Chou, P., Liu, C. M. & Liu, J. H. (2008). Economic evaluation of screening for diabetic retinopathy among Chinese types diabetic: a community-based study in Kinmen, Taiwan. *J Epidemiol 2008, 18*: 225-233.

Wang, Y. (2001). Promoting the Right to Work of Disabled People? A historical comparative of Sweden, Great Britain and Taiwan. Doctoral Thesis. Canterbury: University of Kent ant Canterbury.

Wong, T. Y., Loon, S. C. & Saw, S. M. (2006). The epidemiology of age related eye diseases in Asia. *Br J Ophthalmol, 90*(4): 506-511.

You, Q. S., Xu, L., Yang, H., Wang, Y. X. & Jonas, J. B. (2001). Five-year incidence of visual impairment and blindness in adult Chinese. *Ophthalmology, 118*(6): 1069-1075.

Zarbin, M. A. (2004). Current concepts in the pathogenesis of age-related macular degeneration. *Arch Ophthalmol, 122*: 598-614.

（二）**Electronic Resources**

Resnikoff, S., Pascolini, D., Mariotti, S. P. & Pokharel, G. P. (2008). Global magnitude of visual impairment caused by uncorrected refractive errors in 2004. *Bulletin of the World Health Organization,* Retireved from http://www. Sciencedaily.com/releases/

Science News (2012, December 11). *Prevalence of visual impairment in US increases*. Retireved from http://www. Sciencedaily.com/releases/2012/12/121211163-506.htm

附　錄

附錄一、視障者相關資源

一、視障特殊學校與資源中心

臺北市立啟明學校	地址：台北市士林區忠誠路二段 207 巷 1 號
	電話：（02）2874-0670
	傳真：（02）2874-0798
	電子信箱：tmsb@tp.edu.tw
	http://www.tmsb.tp.edu.tw/default_page.asp
臺中市立啟明學校	地址：421 臺中市后里區三豐路三段 936 號
	電話：（04）2556-2126
	http://www.cmsb.tc.edu.tw/home
臺中市私立惠明盲校	地址：428 臺中市大雅區雅潭路四段 336 號
	電話：（04）2566-1024
	電子信箱：hueiming@hmsh.tc.edu.tw
	http://www.hmsh.tc.edu.tw/
臺中市私立惠明盲童育幼院	地址：428 臺中市大雅區雅潭路四段 332 號
	電話：（04）2566-1021
臺中市私立惠明視障者教養院	地址：428 臺中市大雅區前村路 382 巷 78 號
	電話：（04）2567-7480
高雄市立楠梓特殊學校高職復健按摩科	地址：811 高雄市楠梓區德民路 211 號
	電話：（07）364-2007 傳真：（07）364-1359
	http://www.nzsmr.kh.edu.tw/
國教署視障服務中心（臺南大學視障教育與重建服務中心）	地址：700 台南市中西區樹林街二段 33 號
	諮詢專線：06-2133111 轉 720、730
	傳真：06-2137944
	電子信箱：
	spcjlin@mail.nutn.edu.tw 林慶仁主任
	jeffchou15@mail.nutn.edu.tw 周稹燁先生
淡江大學視障資源中心（無障礙全球資訊網）	地址：25137 新北市淡水區英專路 151 號商管大樓 B125
	電話：(02)7730-0606 傳真：(02)8631-9073
	電子信箱：service@batol.net
臺北市視障教育資源中心	地址：台北市士林區忠誠路二段 207 巷 1 號
	電話：（02）2874-0670 分機 1600-1611
	傳真：（02）2874-0821

二、有聲書資源

清大盲友會	地址：30013 新竹市光復路二段 101 號
	電話：（03）572-1595
	傳真：（03）572-9167
	電子信箱：blind@cs.nthu.edu.tw
交大愛盲有聲雜誌	地址：30010 新竹市大學路 1001 號
	電話：（03）571-2121 分機 52672
	電子信箱：blind@lib.nctu.edu.tw
彰化師大盲人有聲書圖書館	地址：500 彰化縣彰化市進德路一號
	電話：（04）726-1041
靜宜大學諮商輔導中心	地址：43301 臺中市沙鹿區臺灣大道七段 200 號
	電話：（04）2632-8001
臺北市立圖書館啟明分館	地址：108 台北市萬華區康定路 64 號 5 樓
	電話：（02）2514-8443
台灣數位有聲書推展學會	地址：108 台北市萬華區康定路 64 號 5 樓
	電話：（02）2389-4915
	電子信箱：service@tdtb.org
財團法人愛盲文教基金會	地址：台北市中正區忠孝西路一段 50 號 13 樓之 19
	電話：（02）2361-6663 分機 921
社團法人中華光鹽志工協會	地址：台北市中正區中山北路一段 2 號 9 樓 902 室
	電話：（02）2371-1867
	傳真：（02）2371-7496
	電子信箱：service@peint.blind.org.tw

三、身心障礙者職業重建資源中心

北基宜花金馬區身心障礙者職業重建資源中心	辦公地址：10644 台北市大安區和平東路一段 129 號圖書館校區博愛樓 B107 室 公文地址：10610 台北市大安區和平東路一段 162 號（特殊教育中心）
	電話：（02）7734-5100；7734-5470～7734-5472 傳真：（02）2341-9493 https://vrrc.wda.gov.tw/cht/index.php?code=list&ids=17
桃竹苗區身心障礙者職業重建資源中心	地址：30060 新竹市東區中華路 2 段 723 號 1 樓
	電話：（035）244-482 http://thmvrc.org/
中彰投區身心障礙者職業重建資源中心	地址：50007 彰化市進德路 1 號（國立彰化師範大學湖濱館 2 樓）
	電話：（047）232-105 分機 2455～2459 http://vrrc.heart.net.tw/
雲嘉南區身心障礙者職業重建資源中心	地址：70101 台南市東區大學路 1 號（力行校區生科大樓南棟 2 樓）
	電話：（062）757-575 分機 58500 http://www.vrrc-yct.org.tw/
高屏澎東區身心障礙者職業重建資源中心	地址：80201 高雄市苓雅區和平一路 116 號（活動中心 6 樓）
	電話：（077）172-930 分機 2305～2307、2309～2310 http://www.vrrc.nknu.edu.tw/

四、按摩職業養成機構

財團法人台灣盲人重建院（北部總院）	地址：242 新北市新莊區中正路 384 號
	電話：（02）2998-5588
	傳真：（02）2996-3306
	電子信箱：ibt@ibt.org.tw
財團法人台灣盲人重建院（南部分院）	地址：高雄市左營區博愛二路 198 號 4 樓之 2
	電話：（07）556-1563
	傳真：（07）556-9547
財團法人宜蘭縣私立慕光盲人重建中心	地址：宜蘭縣冬山鄉冬山路 3 段 179 號
	電話：（03）958-1001
	傳真：（03）958-0011
	電子信箱：mk@ymail.com
中華民國無障礙科技發展協會	地址：11159 台北市士林區文林路 718 號 4 樓
	電話：（02）7729-3322，（02）2833-5677
	傳真：（02）2833-5687
	電子信箱：service@twacc.org
伊甸社會福利基金會視障重建中心	地址：台北市松山區光復北路 60 巷 19-6 號 B1
	電話：(02)2577-5689
	傳真：(02)2578-9893
	電子信箱：eden102102@gmail.com
伊甸社會福利基金會新北市愛明發展中心	地址：新北市板橋區廣權路 130 號 3 樓
	電話：(02)2963-6866
	傳真：(02)2961-7866
	電子信箱：edenaiming@gmail.com
伊甸社會福利基金會南投縣視障生活重建中心	地址：南投縣南投市信義街 5 巷 1 號 3 樓
	電話：(049)2220071
	傳真：(049)2245847
	電子信箱：edenaiming@gmail.com
伊甸社會福利基金會台南市視障者生活重建中心	地址：台南市東區林森路 2 段 500 號 A 棟 4 樓（無障礙福利之家）
	電話：(06)2389948
	傳真：(06)2389932

伊甸社會福利基金會高雄視障生活重建中心	地址：高雄市三民區九如二路 583 號 10 樓
	電話：（07）315-9675
	傳真：（07）315-9555
伊甸社會福利基金會桃園加恩服務中心	地址：桃園市中壢區環西路 83 號
	電話：（03）494-7341
	傳真：（03）492-4524
財團法人愛盲基金會台北辦公室	地址：台北市中正區忠孝西路一段 50 號 13 樓之 19
	電話：（02）7725-8000，2361-6663
	傳真：（02）2375-3925，2331-6593
	電子信箱：eyelove@tfb.org.tw
財團法人愛盲基金會台中辦公室	地址：40667 台中市北屯區文心路四段 83 號 3 樓
	電話：（04）2293-6151
	傳真：（04）22293-9091
財團法人愛盲基金會台南辦公室	地址：70045 台南市中西區府前路一段 283 號 4 樓之 4
	電話：（06）21-43099
	傳真：（06）2143199
財團法人愛盲基金會高雄辦公室	地址：80757 高雄市三民區博愛一路 366 號 9 樓（王象世貿大樓）
	電話：（07）322-9320
	傳真：（07）322-9350
台灣盲人福利協進會全國總會	地址：401 臺中市東區進化路 170 號 3 樓
	電話：（04）2211-4244

附錄二、視障按摩執業要件

民國 71 年（**1982AD**）之前執業要件

結業證書	按摩人工作證
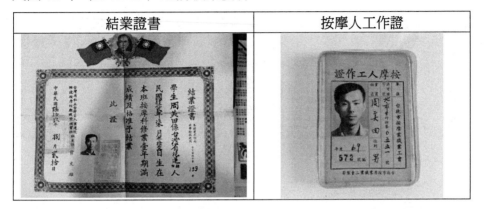	

民國 71 年（**1982AD**）之後執業要件

殘障手冊	按摩技術士證	執業許可證
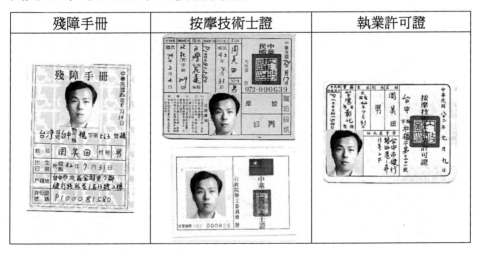		

附錄三、各類按摩中心

一、全身按摩中心

技術士證展示區	休息區	按摩室

二、拆解式按摩中心

技術士證展示區	按摩工作區

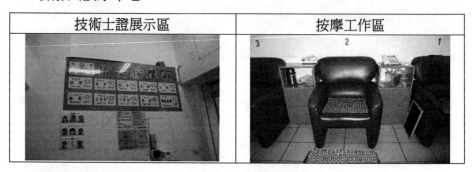

三、視障按摩小棧

鐵路視障按摩小棧	高速公路休息站	視障按摩小棧

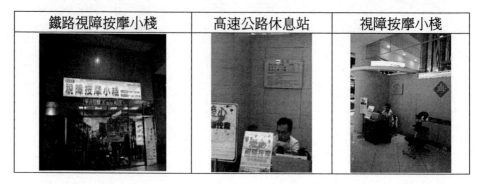

附錄四、各項教學輔具

聽書郎、聽書機	有聲錄音筆	攜帶型點字版

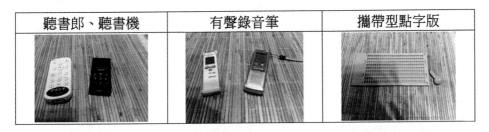

打字機	點字書	有聲書

手掌按摩反射區模型

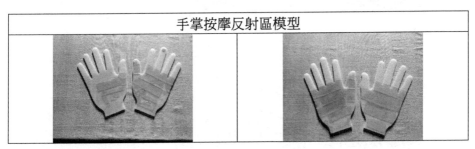

以下教學模型為台灣盲人福利協進會全國總會提供拍攝：

可拆解內臟模型

脊椎、神經、椎間盤		
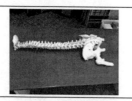		

肩、肘、腕關節模型		
		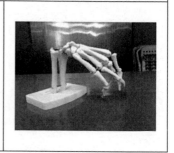

髖、膝、踝關節模型		

全身骨骼、針灸銅人、語音針灸銅人模型		

國家圖書館出版品預行編目資料

臺灣視障按摩史—從日治時期談起 / 周美田、周立偉、李德茂 著

　　臺中市：天空數位圖書　2019.12

　　面：17*23 公分

　　ISBN：978-957-9119-49-8（平裝）

　　1. 按摩業　2. 歷史

489.1609　　　　　　　　　　　　　　　　　　　108016036

發 行 人：蔡秀美

出 版 者：天空數位圖書有限公司

作　　　者：周美田、周立偉、李德茂

版 面 編 輯：採編組

美 工 設 計：設計組

出 版 日 期：2019 年 12 月（初版）

銀 行 名 稱：合作金庫銀行南台中分行

銀 行 帳 戶：天空數位圖書有限公司

銀 行 帳 號：006-1070717811498

郵 政 帳 戶：天空數位圖書有限公司

劃 撥 帳 號：22670142

定　　　價：新台幣 360 元整

電子書發明專利第　I　306564　號

※如有缺頁、破損等請寄回更換

Family Sky

紙本書編輯印刷：
電子書編輯製作：
天空數位圖書公司　E-mail：familysky@familysky.com.tw　http://www.familysky.com.tw/
地址：40255台中市南區忠明南路787號30F國王大樓　Tel：04-22623893　Fax：04-22623863